信息安全产品技术丛书

网络 NETWORK

入侵检测系统原理与应用

丛书主编　顾健

主编　沈亮　陆臻　张艳　宋好好

電子工業出版社

Publishing House of Electronics Industry

北京 • BEIJING

内 容 简 介

本书内容分为5章，从入侵检测系统的产品概述、技术详解、标准分析等内容入手，对入侵检测系统产品的产生需求、实现原理、技术标准、应用场景和典型产品等内容进行了全面翔实的介绍。

本书适合入侵检测系统产品的使用者（系统集成商、系统管理员）、产品研发人员及测试评价人员作为技术参考，也可供信息安全专业的学生及其他科研人员作为参考读物。

图书在版编目（CIP）数据

网络入侵检测系统原理与应用 / 沈亮等主编. —北京：电子工业出版社，2013.10
（信息安全产品技术丛书）
ISBN 978-7-121-21584-1

I. ①网… II. ①沈… III. ①计算机网络－安全技术－研究 IV. ①TP393.08

中国版本图书馆CIP数据核字（2013）第231793号

策划编辑：李 洁
责任编辑：刘 凡
印　　刷：三河市鑫金马印装有限公司
装　　订：三河市鑫金马印装有限公司
出版发行：电子工业出版社
　　　　　北京市海淀区万寿路173信箱　邮编：100036
开　　本：720×1 000　1/16　印张：9.5　字数：244千字
印　　次：2013年10月第1次印刷
定　　价：42.00元

凡所购买电子工业出版社图书有缺损问题，请向购买书店调换。若书店售缺，请与本社发行部联系，联系及邮购电话：（010）88254888。

质量投诉请发邮件至zlts@phei.com.cn，盗版侵权举报请发邮件至dbqq@phei.com.cn。

服务热线：（010）88258888。

前言

<<<<<< PREFACE

随着信息化时代飞速发展，为人们的生活带来了越来越多的便捷。但是一方面，互联网互联互通的开放性特性极大地方便了各种互联资源的联网，开创和拓宽了共享资源途径；另一方面，随着人类在经济、工业、军事领域方面越来越多地依赖信息化管理和处理，却由于信息网络在设计上对安全问题的忽视，以及爆发性应用背后存在的使用和管理上的脱节，逐渐使互联网中信息的安全性受到严重威胁。实用和安全矛盾逐渐显现，随着越来越多重要的信息应用以互联网作为运行基础，信息安全问题已经成为威胁民生、社会，甚至国家安全的重要问题。

如何来发现信息安全问题、防范安全威胁呢？入侵检测系统产品应运而生。

入侵检测系统产品通过提供精简的安全审计、入侵监测响应等功能，帮助系统安全管理员提高安全管理能力，使得系统安全管理员能够提早察觉，甚至挖掘出入侵威胁，辅助其及时采取安全措施弥补信息安全中存在问题和不足，从而提高信息系统整体安全防范的能力，特别在入侵问题定位及入侵行为取证方面具有良好的作用，对威胁信息安全的入侵者具有一定的威慑作用。

入侵检测系统产品产生的背景是什么？入侵检测系统产品的核心技术以及现行标准是如何实现的？本书就是带着这些问题开始展开陈述的。

本书是信息安全产品技术丛书之一。与以往注重产品和技术介绍的书籍不同，本书不仅从产品历史、技术方面进行了全面的描述，还特别对产品标准发展及应用方面进行了大量细致的介绍。本书内容力争全面，分析力求深刻，在产品历史、原理、标准、应用等几大方面均有翔实的描述。与此同时，本书力求使用，收集了许多实际数据与案例，期望能够给读者在入侵检测技术应用方面以一定的帮助。

本书的主要编写成员均来自公安部信息安全产品检测中心和公安部计算机信息系统安全产品质量监督检验中心，常年从事入侵检测系统产品的测评工作，对入侵检测系统产品有着深入的研究。本书的作者全程参与了入侵检测系统产品标准从规范、行标到国标制修订的工作。因此，本书在标准介绍和描述方面具有一定的权威性。

本书第 1 章主要由沈亮撰写，第 2 章主要由张艳撰写，第 3 章主要由陆臻撰写，第 4、5 章主要由宋好好、张艳、邵东撰写。顾健负责把握全书技术方向，并对各章节的具体编写提供了指导性意见，最后由沈亮完成全书修改和统稿工作。此外，邵东、杨元原、王志佳、顾建新、张笑笑、俞优、吴其聪等同志也参与了本书资料的收集和部分章节的编写工作。由于编写人员水平有限和时间紧迫，本书不足之处在所难免，恳请各位专家和读者不吝批评指正。

在本书的编写过程中，得到了北京启明星辰信息安全技术有限公司、长沙博华科技有限公司、北京天融信科技有限公司、网神信息技术（北京）股份有限公司、北京冠群金辰软件有限公司、北京中科网威信息技术有限公司等单位的大力协助，在此表示衷心的感谢！

编著者

目录

<<<<<< CONTENTS

Chapter 1

第 1 章 综　述

信息化技术的飞速发展为人们的生活带来了越来越多的便捷。但是一方面，互联网互联互通的开放性特性下极大地方便了各种互联资源的联网，开创和拓宽了共享资源途径；另一方面，随着人类在经济、工业、军事领域方面越来越多地依赖信息化管理和处理，却由于信息网络在设计上对安全问题的忽视，以及爆发性应用背后存在的使用和管理上的脱节，逐渐使互联网中信息的安全性受到严重威胁。实用和安全的矛盾逐渐显现，随着越来越多重要的信息应用以互联网作为运行基础，信息安全问题已经成为威胁民生、社会，甚至国家安全的重要问题。

如何来发现信息安全问题、防范安全威胁呢？入侵检测系统（IDS，Intrusion Detection System Product）应运而生。入侵检测系统通过提供精简的安全审计、入侵监测响应等功能，帮助系统安全管理员提高安全管理能力，使得系统安全管理员能够提早察觉，甚至挖掘出入侵威胁，辅助其及时采取安全措施弥补信息安全中存在问题和不足，从而提高信息系统整体安全防范的能力，特别在入侵问题定位以及入侵行为取证方面具有良好的作用，对威胁信息安全的入侵者具有一定的威慑作用。

从入侵检测系统实现形态上来看，它实际上是安全审计产品的一种重要的分支应用。它以网络中及重要主机节点上收集和审计的信息为基础，使用入侵检测算法分析出其中存在的违反安全策略的入侵和异常行为迹象。这种精简、突出的入侵检测信息能够大大降低系统安全管理员的管理成本，使他们能够集中精力解决信息系统中最危险的安全问题。因此，选用正确的入侵检测系统，对于提高整个信息系统架构的安全性，特别是复杂的多层结构信息系统的安全性，尤为重要。

本章首先对入侵检测系统的必要性进行分析，简要介绍入侵检测系统的基本原理，并介绍主机型和网络型入侵检测系统的发展历程。从宏观上使读者对入侵检测系统有充分的认识，为后续章节介绍具体的技术细节打下基础。

另外，入侵检测系统的英文翻译为 Intrusion Detection System，产品直译的意思为“入侵检测系统”。原来为了表示同其他等级保护信息系统标准的不同，行业标准使用了中文的“产品”进行标准命名。之后，随着系统标准同产品标准的区别越加明显，在国家标准中使用了中文的“系统”对标准进行了命名。本书对两种标准的命名方式都认可，因此在本书中“入侵检测系统”和“入侵检测系统产品”为同一个对象，不加以区别。

1.1 为什么需要入侵检测系统

1.1.1 黑客的产生严重威胁了信息的安全

自 20 世纪三四十年代世界上第一台电子计算机阿塔纳索夫-贝瑞在美国爱荷华州立大学诞生至今，计算机技术已经发生了翻天覆地的变化。计算机从当初用途单一的数学计算器已经发展成为具有无限扩展能力的一种超越计算的工具。而 ARPA 网络的建立，又使计算机互联成为现实，在全世界范围内掀起了基于互联网的信息化建设高潮，一个全新的基于虚拟信息资源为基础的全球信息化社会已经形成。非物质形态的信息成为一种新兴的重要资源，为越来越多的人们所重视。随着无限的计算能力和高度信息化成为可能，信息技术进入飞速发展时代。随之而来的是计算机信息时代催生出的计算机黑客。黑客们完成了从出生、成长、分化和壮大的演化过程，成为影响信息化社会有序环境的一支重要力量。

这些黑客们之所以能够以破坏信息化社会来达到威胁人类生活的原因，是由于构成信息化社会中基础的电子信息交流方式。随着文字、图像、语音、影像等数据依托信息化技术在互联网中生成和交流，电子信息交流方式对技术的依赖程度越来越强。使得计算机专业技能在一定程度上可以代替武力，成为控制信息化社会的力量。而掌握了很多专业技术的黑客们，自然也就能够成为在全新的信息化时代影响社会稳定的一股不可小视的力量。黑客们以个人或组织的形式广泛地存在于互联网中，时刻探寻着这些在信息系统中存在的安全问题，不断尝试，导致信息安全事件频发。

2011年最受关注的国外十大黑客事件

萨科奇爱丽舍宫网站被黑

一名黑客于2011年1月侵入法国总统尼古拉·萨科齐在社交网站Facebook上的账号，并在“状态更新”中模仿这位法国总统的口吻发布了一条信息：“亲爱的同胞们，考虑到我们国家目前正在经历的特殊环境，我已从内心深处决定，在2012年我的任期结束的时候，我不会再谋求连任。”超过35万Facebook粉丝阅读了这个消息。

EMC安全部门RSA系统遭受黑客攻击

2011年3月，EMC公司旗下著名的安全与解码技术企业RSA遭黑客攻击，使用的是一种业内称为高持续性威胁（Advanced Persistent Threat）的复杂网络攻击。这是一种“极其复杂”的攻击，会导致一些秘密信息从RSA的SecurID双因素认证（Two-factor Authentication）产品中被窃取。而Secure ID令牌是RSA公司的一次性密钥认证产品，广泛应用于一些大军事机构、政府、各种银行及医疗和医保设备。

Sony PlayStation账号被黑客破解

2011年4月的“索尼被黑”事件导致黑客从索尼在线PlayStation网络中窃取了7700万客户的信息，包括PlayStation Network/Qriocity 的用户名和密码，handle/PSN online 用户名，账号安全问题答案。这一黑客攻击事件导致索尼公司被迫关闭了Playstation Network服务，并损失了1.7亿美元。其后5月2日索尼公司另一个网络游戏服务也遭到攻击，导致2500万用户信息泄露。

Sega Pass用户资料信息被黑客非法侵入

游戏开发商世嘉公司欧洲分公司旗下一个网站Sega Pass于2011年6月被入侵，网站用户以欧美为主，130万名客户的个人资料被盗，外泄资料包括会员姓名、生日、电邮地址和密码。

花旗银行客户账户遭黑客攻击

美国花旗银行于2011年6月证实，该银行系统日前被黑客侵入，21万北美地区银行卡用户的姓名、账户、电子邮箱等信息可能被泄露。花旗银行的一位发言人称被盗取的信息包括用户的姓名、账号及电子邮箱地址等联系方式，约1%的信用卡持有者受到入侵事件的影响。专家们称此为对美国大型金融机构最大的一次直接攻击，并表示这次事件或将促成银行业数据安全体系的彻底大修。

黑客组织连环袭击

2011年6月，黑客组织LulzSec发起了名为“Titanic Takeover Tuesday”的攻击行动，对多家网站发动了DDoS攻击。游戏杂志The Escapist网站、IT安全公司Finfisher以及网游《EVE Online》、《英雄联盟》、《Minecraft》等多家的登录服务器遭其“毒手”。LulzSec还在Twitter中留下了黑客攻击请求热线，并表示：“现在开始接收真正Lulz粉丝的电话，让我们一起嘲笑那些被羞辱的玩家。614-LULZSEC,

我们会尽全力接收您的呼叫，一起来吧。”几个小时后，LulzSec 声称他们收到了 5000 个未接电话、2500 封语音邮件。由于游戏服务器的暂停导致不计其数的玩家暴怒，联合起来阻止 LulzSec 的非法行为。

福克斯推特账号被盗

2011 年 7 月，美国新闻网站“福克斯新闻”（Fox News）的 Twitter 账户遭到黑客劫持并用于发布虚假新闻，其中包括美国总统奥巴马遇刺身亡的消息。黑客更改了福克斯新闻账户密码，令其数小时内无法修正错误消息。尽管 Twitter 账户被黑并不鲜见，但这条虚假信息却在全球引发了轩然大波。具悉，这些黑客属于一个名为“脚本小子”（Script Kiddies）的黑客组织。

Lady Gaga

2011 年 7 月，Swagsec 黑客小组透露他们已经黑进美国流行音乐天后 Lady Gaga 的英国网站，环球音乐在一份声明中确认了该消息，黑客获得了成千上万歌迷的详细信息，包含姓名、E-Mail 地址。其 Twitter 账户又于 2012 年 12 月被黑客入侵，黑客先是通过 Lady Gaga 账户发布免费赠送 iPad 2 的推文，并附上了恶意链接，随后又发布了赠送 Macbook 的信息。虽然帖子和钓鱼网站已被删除，但根据 BBC 网络统计数据表明，此前有超过 10 万的 Lady Gaga 粉丝通过点击该网站提交了个人信息。

Yingluck Shinawatra

继福克斯新闻网的微博账号被盗并发布奥巴马“死讯”后，泰国新任女总理英拉·西瓦那成为黑客的又一元首级别受害者，其英文 twitter 账号于 2012 年 10 月 1 日晨被盗，黑客甚至在上面发布了 8 条指责她的消息。第一条微博一上来就质疑英拉的执政能力：“如果她连自己的推特账号都保不住，如何能保卫国家？想想吧。”

Facebook

社交巨头 Facebook 在 2011 年 11 月遭到黑客攻击，数百万 Facebook 用户的 Newsfeed（信息流）页面出现了色情和暴力图片、网络链接以及视频，其中包括部分伪造的名人不雅照和虐待动物等极端暴力行为，此次遭到攻击是由于黑客利用了浏览器的漏洞。

从以上黑客攻击事件中就可以看出，目前整个互联网网络还是面临着巨大的黑客攻击威胁，而且由其而产生的危害也越来越严重，受害面也越来越广。如何对这些黑客攻击进行发现和防范呢？其实在 20 世纪计算机产生之后，没有互联网的时代，人们就已经开始进行研究和防范了。可以说，黑客们对计算机系统进行攻击手段的不断提高，推动了信息安全防范技术的飞速发展。

本书中所提到的黑客包括 Hacker、Cracker 及误操作人员。Hacker 是指那些反传统精神的程序员，他们遵守黑客行为准则，不进行恶意破坏。而 Cracker 则是指那些具有不良企图、强行闯入他人系统或以某种恶意目的干扰他人系统，运用自己的知识去做出有损他人权益事情的人。他们是互联网中真正的入侵者和破坏者。当然，无论是 Hacker 还是 Cracker 都具有高超的计算机专业技术。误操作者虽然可能没有任何高深的计算机专业知识，但是不管其主观意愿如何，其行为也可能产生入侵和异常行为。因此，从计算机技术的角度看来，无意识的误操作人员也可以归为本文中黑客中的一员。

1.1.2 黑客防范技术应运而生

1. 黑客常用手段

“知己知彼，百战不殆”，了解黑客常用手段是安全技术防范最先入手的方法。常见黑客手段见表1-1。

表1-1 常见黑客手段

<table>
<tr><th colspan="2">黑客攻击手段</th></tr>
<tr><td rowspan="3">信息收集型攻击</td><td>简单信息收集</td></tr>
<tr><td>信息扫描</td></tr>
<tr><td>信息嗅探</td></tr>
<tr><td rowspan="3">欺骗型攻击</td><td>IP 欺骗</td></tr>
<tr><td>Web 欺骗</td></tr>
<tr><td>邮件欺骗</td></tr>
<tr><td rowspan="3">漏洞与缺陷型攻击</td><td>缓冲区溢出</td></tr>
<tr><td>拒绝服务攻击</td></tr>
<tr><td>分布式拒绝服务攻击</td></tr>
<tr><td rowspan="2">利用型攻击</td><td>猜口令</td></tr>
<tr><td>木马攻击</td></tr>
<tr><td colspan="2">病毒型攻击</td></tr>
</table>

（1）信息收集型攻击：信息收集就是对目标主机及其相关设施、软硬件情况进行非公开的了解，用于攻击前对目标安全状况的掌握。

① 简单信息收集：可以在主机上或网络中通过一些命令对目标主机进行信息查询。

② 信息扫描：在主机上或网络中对目标主机开放端口、用户列表、服务漏洞等情况进行扫描。

③ 信息嗅探：对主机上或者网络中的数据信息进行监听，以获得主机系统用户敏感信息。

（2）欺骗型攻击：通常利用实体之间的信任关系，骗取目标系统信任，使之将敏感信息发向攻击者的一种攻击方式。

① IP 欺骗：使用其他主机的 IP 地址来获得信息或者得到特权。

② Web 欺骗：通过主机间的信任关系，以 Web 形式实施的一种欺骗行为。

③ 邮件欺骗：冒充合法 E-mail 地址进行欺骗。

欺骗型攻击中还有一种主要手段称为社会工程学攻击，是指利用人性的弱点、社会心理学等知识来获取目标系统敏感信息的行为。当攻击者无法通过物理入侵直接取得所需要的资料时，就会通过计策或欺骗等手段间接获得密码等敏感信息。他们通常以交谈、欺骗、假冒或口语等方式，使用电话、电子邮件等形式从合法用户中套取用户秘密信息，再利用这些资料获取主机权限以达到其攻击的目的。本节黑客常用手段中所说的欺骗技术属于技术类社会工程学攻击，通过人力因素进行攻击的非技术类欺骗则不在本书讨论的范围之内。

（3）漏洞与缺陷型攻击：通常是利用系统漏洞或缺陷进行的攻击。

① 缓冲区溢出：通过有意安装的程序或者通过网络攻击造成目标主机程序产生缓冲区溢出的错误，目的是使目标主机死机或者获得主机系统的特权。

② 拒绝服务攻击（DOS）：通过非法占用目标大量资源，导致系统服务能力下降，甚至产生死机等的一种攻击。

③ 分布式拒绝服务攻击（DDOS）：这是 DOS 的一种大规模应用，攻击者通常控制多个分布式的僵尸主机（也有称“肉鸡”），对某一个目标发动拒绝服务攻击。

（4）利用型攻击：是指试图直接对主机进行控制的攻击。

① 猜口令：通过分析或暴力攻击等手段获取合法账户的口令。

② 木马攻击：通过植入木马对主机进行控制。

（5）病毒型攻击：使用计算机病毒对主机进行感染，从而造成系统损坏、数据丢失、拒绝服务、信息泄漏等现象的攻击。

2. 信息安全防范技术

针对黑客常用手段，信息安全防范技术也不断发展和提高。当然完善的信息安全防范体系包括：关注于主机、网络、应用等信息数据安全的属于技术层面的防范技术，以及贯穿整个信息系统生命周期的安全策略、安全评估和安全管理的、属于非技术层面的防范管理技术。本书主要关注技术层面对黑客攻击的安全防范技术。下面介绍最常用的安全防范技术。

1）入侵检测技术

入侵检测技术可以称为动态保护技术。这个动态表现为：入侵检测技术可以使用协议分析或内容分析等方法，针对具体内容进行深度审计。并且在使用入侵检测算法分析违反安全策略的入侵行为的同时，还可以分析未到入侵阶段的异常行为或潜在的入侵行为。因此，可以进行全新的动态挖掘入侵行为。由于入侵检测技术的这种强大的信息获取能力以及专业的入侵分析功能，所以入侵检测技术可以主动发现和防范较多的黑客入侵行为。特别是针对网络上的扫描/攻击和主机上的木马攻击等非正常情况的防范。

2）访问控制技术

访问控制是指按用户身份及其所归属的某项定义组来限制用户对某些信息项的访问，或限制对某些控制功能的使用。访问控制通常应用于系统管理员控制用户对服务器、目录、文件等网络资源的访问，主要实现防止非法的主体进入受保护的网络资源、允许合法用户访问受保护的网络资源、 防止合法用户对受保护的网络资源进行非授权的访问等功能。

访问控制是实现安全防范的最基本也是最有效的安全技术。通过访问控制，可以实现信息的初级过滤和控制。网络访问控制技术可以对网络中的数据容量、访问连接等进行控制；信息系统访问控制技术可以对主机、信息系统中的程序运行、数据访问等进行控制。之所以说访问控制技术是最有效的安全技术，是因为如果结合对攻击行为的准确分析能力，访问控制技术可以对几乎所有攻击进行控制。例如，通过对网络服务/地址的控制，或者对主机程序访问权限的控制等方式，防范黑客的信息收集型攻击；通过对虚假地址的控制等方式，防范黑客的欺骗型攻击；通过网段保护/服务端口控制，或者对主机程序访问权限的控制等方式，防范黑客的漏洞与缺陷攻击型攻击；通过登录用户网络地址或者服务端口控制，防范黑客的利用型攻击。网络型访问控制技术实现的典型产品就是不同层次的防火墙产品；主机型访问控制技术实现的典型产品就是操作系统安全加固产品。

3）漏洞扫描技术

漏洞扫描是指基于漏洞数据库，通过扫描等手段对指定的远程或者本地计算机系统的安全脆弱性进行检测，发现可利用的漏洞的一种安全检测（渗透攻击）行为。漏洞扫描技术可以通过对网络和主机设备进行安全状态测评，对有可能引起网络和主机整体安全漏洞的系统本身缺陷、配置不当或者其他恶意程序/服务进行分析和探测。漏洞扫描技术是一把双刃剑，它既是黑客攻击中信息收集型攻击的组成技术，也是安全管理员对整个信息系统进行安全评估的最重要技术。漏洞扫描技术能够模拟黑客寻找可能成功的攻击手段，安全管理员可以使用这种技术定时、定期检查和调整信息系统的安全状态，防止重要信息泄露以及安全漏洞的产生。不像其他安全防范技术直接参与安全防范，漏洞扫描技术主要辅助安全管理员，提供了间接安全防范能力，它和防火墙、入侵检测系统互相配合，能够有效避免黑客攻击行为，提高网络的安全性。

4）身份鉴别技术

身份鉴别技术是对访问者身份和权限进行鉴定和识别。作为防护网络资产的第一道关口，身份鉴别有着举足轻重的作用。其作用是阻止非法用户的不良访问。一般通过三种方式验证主体身份：一是主体了解的秘密，如用户名、口令、密钥；二是主体携带的物品，如磁卡、IC卡、动态口令卡和令牌卡等；三是主体特征或能力，如指纹、声音、虹膜、签名等。一般前两种方式运用较多。通过提高使用者的安全意识，使用身份鉴别技术将大大降低黑客进行欺骗型攻击的成功率。另外，通过增加身份鉴别安全保护机制，能够防止口令暴力猜测等针对利用型的黑客攻击手段。

5）加密技术

加密技术是对信息进行保护的一种可靠方法，使用加密算法对原始数据内容变化和隐藏的一种技术。对敏感数据在不安全链路上传输时进行保护，防止信息泄露以及被嗅探。根据加密技术在TCP/IP协议栈的作用层次，可以将其分为链路层加密、网络层加密及应用层加密。最著名技术实现产品就是 SSL 安全套件及虚拟专用网（Virtual Private Network）产品。

6）防病毒技术

防病毒技术就是通过病毒样本比对、行为特征分析等方法，对病毒程序、病毒攻击流进行识别的技术。主机防病毒技术部署实现时，将对主机自身或应用系统进行病毒预警和杀除。网络部署时有两种方法实现：一种是网络分布式部署的主机防病毒技术，在强调主机防病毒系统自身的查毒、杀毒功能的同时，还强调对分布在整个网络中各个主机防病毒系统的集中管理、监控、审计、升级等能力；另一种是网络部署方式的病毒网关防范技术，通过对网络数据流中的病毒识别，可以结合访问控制技术，提供病毒的预警、连接限制等控制。这两种方法都能够防范黑客的病毒型攻击。

7）冗余技术

冗余技术是解决信息系统单点故障的重要措施。对关键性的网络线路、信息系统节点设备通常采用双热或多热备份的方式。信息系统运行时对运营状态实时监控并自动调整，当网络的网段或信息系统重要节点发生故障或安全状态发生突变时能在有效时间内进行切换分配，保证信息系统正常的运行。冗余技术能够减缓一定的漏洞与缺陷攻击影响，特别是信息系统应用单点故障造成的拒绝服务问题。

从以上分析，不难得到各种信息安全防范技术防范黑客攻击手段的对应情况（详见表1-2所示）。可以看出，入侵检测系统是防范黑客入侵最有效的产品之一。

表1-2　信息安全防范技术防范黑客攻击手段的对应情况表

黑客攻击手段		信息安全防范技术						
		入侵检测技术	访问控制技术	漏洞扫描技术	身份鉴别技术	加密技术	防病毒技术	冗余技术
信息收集型攻击	简单信息收集	√		√				
	信息扫描	√	√	√				
	信息嗅探					√		
欺骗型攻击	IP欺骗	√			√			
	Web欺骗	√			√			
	邮件欺骗				√			

续表

黑客攻击手段		信息安全防范技术						
		入侵检测技术	访问控制技术	漏洞扫描技术	身份鉴别技术	加密技术	防病毒技术	冗余技术
漏洞与缺陷型攻击	缓冲区溢出	√	√	√				
	拒绝服务攻击	√	√	√				√
	分布式拒绝服务攻击	√	√					
利用型攻击	猜口令	√	√	√	√			
	木马攻击	√	√	√				
病毒型攻击		√					√	

1.1.3 采用入侵检测系统的必要性

1. 什么是入侵检测系统

在进行犯罪侦查的处理方式中，最好的方法莫过于使用照相机、收集袋等案件侦查工具，将在犯罪现场遗留的证据进行留存归类，然后在实验室对犯罪现场的遗留证据进行分析，发现指认罪犯的证据。这就是我们所熟知的犯罪现场调查。入侵检测系统通过提供信息安全审计及事件分析功能，提供了类似犯罪现场调查中使用的侦查工具及分析实验室。像犯罪现场调查这种能够提供和分析证据能力的处置工作，对于侦破案件或者移交搁置案件，甚至分析发现连环案件的工作都具有非常重要的作用。同样，在信息安全行业，入侵检测系统也具有这种重要的角色。

入侵是指对计算机和网络资源的恶意使用，造成系统数据的丢失和破坏，可能造成系统拒绝对合法用户服务等危害。入侵检测是指对计算机和网络资源的恶意使用行为进行识别和相应处理的过程。它不仅检测来自外部的入侵行为，也指出内部用户的未授权的活动。入侵检测系统可以看成：在收集和审计重要主机节点及网络信息的基础上，通过入侵检测，对用户或系统行为的可疑程度进行评估，并根据评估结果来确定信息系统中是否存在入侵行为或隐患的一种产品。它能够降低安全管理员的管理成本，使他们集中精力解决信息系统中最危险的安全问题，帮助他们进行有效安全管理或及时了解信息系统所受到的攻击并采取防范对策。

2. 入侵检测系统存在的必要性

就防范黑客攻击手段的信息安全防范技术而言，最接近入侵检测技术能力的是访问控制技术和漏洞扫描技术。由这两种技术形成的典型信息安全产品包括防火墙、入侵防御和扫描器等产品。入侵检测系统同这些信息安全产品一样，都部署在关键的网络或者节点位置，从访问控制、行为内容、自身缺陷等多个方面对最重要的信息资产提供保护，因此都属于最重要的信息安全产品之一。但是同其他重要信息安全产品相比，在信息系统安全防范方面，入侵检测系统还具有不可比拟的技术优势，这也是有必要在信息系统中部署入侵检测系统的最重要的原因。不怕不识货，就怕货比货，下面就这几个产品的优缺点进行比较，以阐述采用入侵检测系统的必要性。

1）同采用访问控制技术的防火墙产品相比较

注重当前固定的、明确的访问控制实现，缺乏延伸分析、挖掘入侵事件的能力，以堵为主，点到为止。这也是传统的防火墙访问控制安全技术被认为更多的是一种基于静态的、被动防护的信息安全技术的原因之一。而如今的黑客攻击和入侵要求我们主动地、动态地检测、发现和排除安全隐患。正是在这样的环境下，入侵检测系统开始逐渐成为安全市场上和研究上新的热点。不仅越来越多地受到人们的关注，而且在各种不同的信息系统环境中发挥越来越重要的作用。因此，在整个信息系统中采用传统访问控制技术的防火墙产品，并合理部署入侵检测系统，这种动静结合对于完整实现信息系统安全目标来说还是非常重要的。

2）同结合访问控制和入侵检测技术的信息安全产品相比较

整体上来说，采用传统访问控制技术的防火墙产品同已实现入侵检测技术的入侵检测系统产品所需要实现的安全目的不同。防火墙产品是以数据包高速访问控制为主要卖点，往往交换性能速度是决定防火墙好坏的主要原因，但这与入侵检测需要深度协议分析的资源消耗存在着很大的矛盾。早期信息安全业界曾出现“胖防火墙”这样一种说法，指的就是在防火墙中加入侵检测等一些安全功能，但这些功能只是作为一种补充功能，提供最低限度的功能支持，而产品还是以防火墙功能为主，本质上还是防火墙。近期，随着硬件性能的不断提高，出现了将防火墙访问控制技术同入侵检测技术相融合，并以入侵检测技术作为产品主要实现方法的信息安全产品，像著名的入侵防御系统产品、统一威胁管理产品等。但是这些产品还是同入侵检测系统的功能实现有着显著区别。从定义上来说，统一威胁管理产品在国际上公认为一种至少提供四种安全防护模块的产品，即传统防火墙防护模块、入侵防御系统防护模块、防垃圾邮件防护模块、防病毒防护模块。由于就入侵检测技术实现而言，该产品中的入侵防御系统防护模块同入侵防御系统产品的实现能力相似，所以下面主要讨论入侵防御系统产品与入侵检测系统的异同。

由于采用了访问控制技术，入侵防御系统产品不能依靠镜像或 HUB 等方式被动地阻断，而是直接串联至网络通路中进行有效的拦截入侵行为，所以入侵防御系统产品部署位置也一般是在网络边界。也正是由于需要在网络边界实现访问控制技术，所以导致入侵防御系统产品安全防范的定位与部署在内部网络中的入侵检测系统有着明显的不同。首先，入侵防御系统产品不注重入侵的情况描述，强调严格深度分析入侵情况，关注于无攻击状态的误截，对于漏截的控制略低。由于误拦截有可能影响整个信息系统的稳定性，所以入侵防御系统产品绝不能出错。通俗点说，就是入侵防御系统产品属于一种宁可放过一千也不能错杀一个的产品，而入侵检测系统属于宁可错查一千也不能放过一个的产品。这种不同将提升在整个信息系统优先采用入侵检测系统的可能性。

由于入侵防御系统产品对误拦截的关注，加上入侵防御系统产品在边界上部署，存在对实时性的要求。这种情况也影响到入侵防御系统产品在实现入侵检测技术深度和广度方面无法同入侵检测系统相比。设想一下，网络运行理所当然需要保证较好的网络性能，而入侵防御系统产品的资源是有限的。那么，入侵防御系统产品需要在强调实现对入侵检测能力和保障高性能网络访问控制能力之间寻求平衡。尽管现在成熟产品考虑到了 x86 和非 x86 在二到七层不同的性能表现，但是目前大多数入侵防御系统产品在实际运行过程中，这种平衡一般还是以牺牲高性能网络访问控制能力或者入侵检测技术的深度和广度而结束。因为，为了减少误拦截，入侵防御系统产品需要进行更深层、更仔细的入侵检测，这样势必会降低网络访问控制技术所能使用的资源；同时，为了提高网络访问控制技术的高性能运行，势必会考虑减少入侵检测技术的深度和广度，尽可能简化冗余的入侵检测工作，集中应对明确具有入侵行为的入侵攻击。

另外，入侵检测系统部署时不需要变更整个信息系统的拓扑，影响较小。入侵防御系统产品要求能够在入侵事件进入被保护网络之前直接自动判断是否需要拦截，因此在产品管理方面人工参与程度可以较低，产品管理分析呈现能力可以比入侵检测系统低，也会影响对入侵检测技术的实施展现，等等。

以上两种类型产品在部署和应用中存在的矛盾和不同，都将使得入侵检测系统在一定时期内长期存在。

3）同漏洞扫描产品相比较

说起漏洞扫描产品，它同入侵检测系统有着千丝万缕的联系。从广义上来说，它们都属于信息安全审计类产品的范畴，通过主动获取和被动捕获得到信息系统关键节点或者网络中存在的问题。相信了解军事的读者都知道潜艇上发现敌舰有两种方法：一种是主动声呐扫描，这种方法非常危险，因为会暴露自己的方位，一般都是在攻击的最后准备阶段或紧急情况下，快速定位目标时使用；另一种是被动声呐监听，潜艇计算机可以根据声音特征自动获得对方方位和艇种，好的潜艇声呐军官甚至可以通过耳朵做到。这种方法非常安全，完全没有风险。漏洞扫描产品漏洞扫描的实现技术类似于主动声呐扫描，入侵检测系统则类似于被动声呐监听技术。这样就很好理解，为什么漏洞扫描产品也可以被称为主动型安全审计产品，而入侵检测系统则被称为被动型安全审计产品。像漏洞扫描产品这种主动型特征，对自己没有什么威胁，但是对信息系统威胁性较大，而且主动获取是瞬间性的；而入侵检测系统这种被动型特征可以保证此产品无声无息，对整个信息系统安全的影响几乎为零，而且可以长期监测运行。这种机制的不同，决定了入侵检测系统与漏洞扫描产品相比不可替代，在整个信息系统环境中具有存在的价值。

1.2 怎样实施入侵检测

1.2.1 选择合适的入侵检测系统

实施入侵检测系统部署之前，需要对整个信息系统的需求进行调研，确定入侵检测系统的定位需求，以选择合适的入侵检测系统进行部署，发挥其最大作用。

选择合适入侵检测系统的步骤应该是：首先分析和认清网络安全设计目标，然后对整个信息系统的总体安全防护能力进行调研和正确的评估，并根据安全防护需求确定入侵检测系统的能力选取，最后在是否能够达到最初网络安全设计目标的前提下进行调整和优化。就入侵检测系统选取需求，可以由从以下几个方面展开调研。

1. 产品类型

优先采用具有所有类型的产品，但出于对安全目标实现成本以及部署实现和管理难度等方面的考虑，可以确定采用何种主机和网络型产品。

2. 实现的入侵检测技术

产品是否是目前主流的入侵检测技术，采用滥用和异常检测等多种技术，确保选取的产品在技术实现方面保持先进。

3. 产品能够检测的攻击数量和升级能力

这与产品厂商的技术和服务能力密切相关，是入侵检测系统能够长久稳定运行的最基本保证。现在几乎每个星期都有新的漏洞和攻击方法出现，如果仅仅能够识别少量的攻击方法或者版本升级缓慢，将无法保证网络的安全。

4. 产品对攻击的响应能力

入侵检测系统在识别攻击事件的同时，必须做出适当的响应。尝试对恶意的攻击切断，关闭防火墙或路由器的相关端口，账户挂起，恢复被篡改的文件并及时通知管理员。另外，它还必须有详细的日志能力，如信息记录和回放功能，可以提供详细的分析和取证数据。

5. 定制的能力

入侵检测系统通常是对网络或宿主计算机通用的监控工具。对特殊的监控需求只能通过用户自定义监控策略实现。例如，对审计日志中出现特殊字符的监控，对指定文件的内容的监控等，需要通过灵活的客户化能力实现。

6. 远程管理能力

现在大型的信息系统网络往往覆盖面都较大，跨部门、跨楼层、跨地域等分布式部署需求非常明确。但是如果产品没有远程管理能力，则基本上不具备可用性。

7. 平台覆盖情况

主机和网络入侵检测都应尽可能支持 Windows 和多种 Linux/UNIX 平台。特别是如果需要部署主机型入侵检测系统，更要提早调研清楚。

8. 产品自身安全

例如加密通信、透明接入等。入侵检测系统记录了企业最敏感的数据，必须有自我保护机制，防止成为黑客的攻击目标。

9. 性能

应根据实际信息系统运行性能要求，要求入侵检测系统必须能够在这种高性能应用背景下稳定快速地运行所有期望的安全功能。

10. 稳定性

由入侵检测系统不同组件间网络通信负载不能影响正常的网络业务，本身的处理能力也应满足实时分析数据峰值的预估处理能力，否则无法在危险发生时稳定地保护网络。

11. 易用性

入侵检测系统应当为安全管理员提供易用性的功能，通过提供友好的用户界面、方便的自定义设置方法，提高安全管理员对产品的利用效率。

1.2.2　选择入侵检测系统的几个关键问题

当然，任何信息安全防范技术和产品都不是万能的。了解入侵检测系统的弱点，对于正确部署该类产品、提高其存在的必要性，也是非常重要的。因此，在部署实施时，为了维护入侵检测系统存在的必要性、发挥其最大功效，应该关注减弱入侵检测系统的如下弱点：

（1）入侵检测系统关注入侵检测，对于误报和漏报有较大的容忍程度，再加上有些产品对协议分析较弱，所以存在大量漏报和误报扰乱安全管理员试听的弱点。

（2）对入侵检测系统的管理和维护比较难，它需要安全管理员有足够的时间、精力及丰富的知识，以保持传感器的更新和安全策略的有效。

（3）产品联动实施较难，业界现有的商业联盟往往以某个厂家为核心，以“联动”的名义建立起的商业联盟使业内形成了若干个孤岛，“联动”无法发展成为泛支持的产品特性。大多数有联动功能的产品仅仅停留在“有联动功能”这样的程度。

（4）入侵检测系统是以被动方式进行工作，网络型产品只能构架于镜像或HUB这种旁路模式下的检测攻击，主动阻止攻击能力较弱。

1.3 入侵检测系统发展历程

入侵检测系统的研究起始于20世纪80年代。从建立实验室原型到推出商业化产品，走向市场并获得广泛认可，入侵检测系统历经了概念的诞生、模型的发展，进入当前的繁荣时期。

在1980年4月，负责美国国防部军用系统计算机审计安全机制增强项目的James P. Anderson在为美国空军所做的技术报告*Computer Security Threat Monitoring and Surveillance*中第一次系统阐述了入侵检测的概念。这份建议报告改变了计算机审计机制，报告中明确阐述了精简审计的目标在于从安全审计数据中消除冗余或无关记录，最终为跟踪问题的计算机安全人员提供有效信息。这被认为入侵检测系统的开山之作。报告中提出了一种对计算机系统风险和威胁分类的方法，并将入侵行为分为外部渗透、内部授权用户的越权使用和滥用三种，还提出了利用审计数据监视入侵活动的思想；同时提出使用基于统计的检测方法，即针对某类会话的参数，如连接时间、输入/输出数据量等，在对大量用户的类似行为做出统计的基础上得出平均值，将其作为代表正常会话的阈值，检测程序将会话的相关参数与对应的阈值进行比较，当二者的差异超过既定的范围时，这次会话将被当做异常。

James P. Anderson的报告实现的是基于单个主机的审计，在应用软件层实现，其覆盖面不大，并且完整性难以保证。但是他提出的一些基本概念和分析，为日后入侵检测技术的发展奠定了良好的基础。这被公认为入侵检测系统最初的理论基础。

继其之后，乔治敦大学的Dorothy E.Denning和SRI/CSL（SRI公司计算机科学实验室）的Peter Neumann从1984年到1986年承担了美国空海作战系统指挥部资助的入侵检测系统研究课题，并依据研究成果在论文*An Intrusion-detection Model*中提出实时异常检测的概念。他们首次提出了一种实时入侵检测系统的抽象模型，称为入侵检测专家系统（IDES，Intrusion Detection Expert System），它独立于特定的系统平台、应用环境及入侵类型，为构建入侵检测系统提供了一个通用的框架。它不依赖于特定的系统和应用环境，也不假定被检测的攻击类型，而是基于这样一个假设：由于袭击者使用系统的模式不同于正常用户的使用模式，通过监控系统的跟踪记录，可以识别袭击者异常使用系统的模式，从而检测出袭击者违反系统安全性的情况。在此之后开发的IDS 系统基本上都沿用了这个结构模型。该模型主要包括以下几部分。

（1）主体（Subjects）：在目标系统上活动的实体，如用户。

（2）对象（Objects）：系统资源，如文件、设备、命令等。

（3）审计记录（Auditrecords）：由主体、活动、异常条件、资源使用情况和时间戳等组成。活动（Action）是主体对目标的操作，对操作系统而言，这些操作包括读、写、登录、退出等；异常条件（Exception-Condition）是指系统对主体的该活动的异常报告，如违反系统读写权限；资源使用状况（Resource-Usage）是系统的资源消耗情况，如CPU、内存使用率等；时间戳（Time-Stamp）是活动发生时间。

（4）活动简档（ActivityProfile）：用于保存主体正常活动的有关信息，具体实现依赖于检测方法，在统计方法中从事件数量、频度、资源消耗等方面度量，可以使用方差、马尔可夫模型等方法实现。

（5）异常记录（AnomalyRecord）：由事件、时间戳和审计记录等组成，用于表示异常事件的发生情况。

（6）活动规则：规则集是检查入侵是否发生的处理引擎，结合活动简档用专家系统或统计方法等分析接收到的审计记录，调整内部规则或统计信息，在判断有入侵发生时采取相应的措施。

在Dorothy E.Denning和Peter Neumann提出上述通用检测检测模型后，很多机构在20世纪80年代后期推出了一系列基于主机的入侵检测系统，其中有代表性的主要有IDES、Haystack、MIDAS等。

1986年，为检测用户对数据库的访问，W.T.Tener在IBM主机上用Cobol开发的Discovery系统被认为最早的基于主机的入侵检测系统雏形之一。

1988年，SRI/CSL的Teresa Lunt等人在IDES改进模型的基础上，开发出了一个 IDES 系统，提出了与平台无关的实时检测思想。该系统包括一个异常检测器和一个专家系统，分别用于统计异常模型的建立和基于规则的特征分析检测（IDES结构框架图，如图1-3所示）。

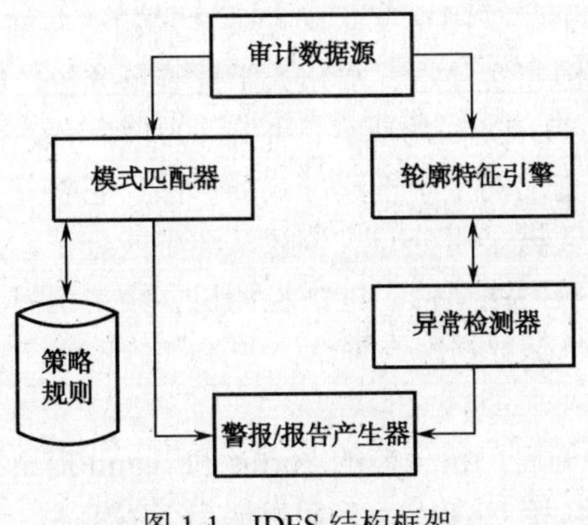

图1-1 IDES结构框架

该系统的结构与此前的系统有较大差异，被检测的目标系统需要将自己产生的审计记录通过网络传递到运行 IDES 的另一台主机上，由该主机通过系统内部的 DBMS 管理审计数据库。虽然该系统在结构上具有了基于网络入侵检测系统的特征，但是由于其分析的数据全部来自主机的审计数据，所以一般仍将其视为基于主机的入侵检测系统。

1988年，为了协助美国空军安全官员检测误用空军基地使用的Unisys大型主机，开发了 Haystack 系统。同时，几乎出于相同的原因，出现了为美国国家计算机安全中心 Multics 主机开发的 MIDAS（Multics Intrusion Detection and Alerting System）。1989 年，Los Alamos 美国国家实验室开发了 W&S（Wisdom and Sense）系统，Planning Research 公司开发了 ISOA（Information Security Officers' Assistant）。

随着 20 世纪 80 年代中后期计算机网络开始快速发展，信息系统的安全已不再局限于单个主机的范围，网络安全问题日益严重。1988 年的 Morris Internet 蠕虫事件使得 Internet 近五天无法使用。该事件引发了公众对于网络安全的重视，对计算机安全的需求迫在眉睫，从而导致了许多入侵检测系统的开发研制。

1990—1991 年是入侵检测系统发展史上的一个分水岭。

1990 年，加州大学戴维斯分校的 L. T. Heberlein 等人提出了一个新的概念——基于网络的入侵检测（NSM，Network Security Monitor）。NSM 与此前的入侵检测技术最大的不同在于它并不检查主机系统的审计记录，它可以通过在局域网上主动监视网络信息流盘来追踪可疑的行为。NSM 的原型系统是在 1991 年开发出来的。这是入侵检测系统第一次直接将网络流作为审计数据来源，因而可以在不将审计数据转化为统一格式的情况下监控异种主机。从此以后，入侵检测系统根据信息处理来源不同被分为两个基本类型：基于网络和基于主机的入侵检测系统。

基于网络的入侵检测系统与基于主机的入侵检测系统相比具有明显的优点，如实时检测、操作系统独立性、对目标主机影响较小、隐蔽性较强等，但同时其也具有较大的缺陷，如检测范围仅限于某一个广播网段、对加密通信难以处理、易受信息欺骗等。因此，从 20 世纪 90 年代开始，基于网络的入侵监测系统与基于主机的入侵检测系统被结合起来，美国空军、国家安全局和能源部共同资助空军密码支持中心、莱伦斯里弗摩尔国家实验室、加州大学戴维斯分校、Haystack 实验室，开展对分布式入侵检测系统（DIDS）的研究，并在 1991 年开发出了原型系统。DIDS 是分布式入侵检测系统历史上的一个里程碑式的产品，它将基于主机和基于网络的检测方法集成到一起，对数据采用分布式监视、集中式分析，通过收集、合并来自多个主机的审计数据和检查网络通信，能够检测出多个主机发起的协同攻击。其检测模型采用了分层结构，包括数据库、事件、主体、上下文、威胁、安全状态等 6 层，总体结构如图 1-2 所示。

1992 年，加州大学圣巴巴拉分校的 Porras 和 Ilgum 提出状态转移分析的入侵检测技术，并实现了原型系统 USTAT，之后发展出了 NSTAT、NetSTAT 等系统。

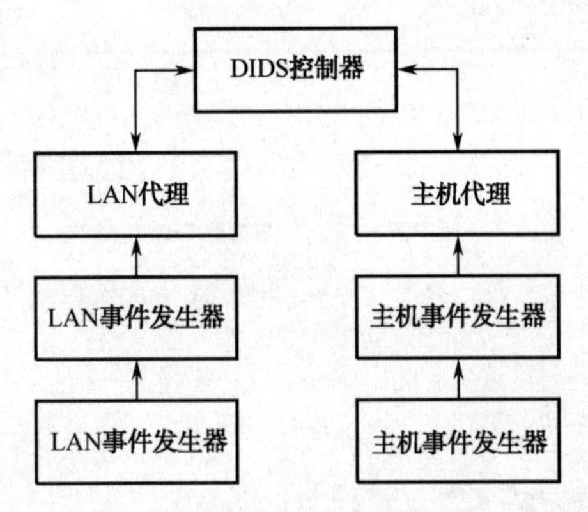

图 1-2 DIDS 总体结构图

1994 年，Mark Crosbie 和 Gene Spafford 建议在入侵检测系统中使用自治代理（Autonomous Agents）来提高入侵检测系统的可伸缩性、可维护性、效率和容错性。此概念非常符合正在进行的计算机科学其他领域（如软件代理，Software Agent）的研究。

1995 年，IDES 的完善版本 NIDES（Next-Generation Intrusion Detection System）实现了可以检测多个主机上的入侵。

1996 年，GRIDS（Graph-based Intrusion Detection System）的设计和实现使得对大规模自动协同攻击的检测更为便利，解决了入侵检测系统伸缩性不足的问题。同年，Forrest 将免疫学原理运用到分布式入侵检测领域，此后，在入侵检测系统中还出现了遗传算法、遗传编程的应用。

1997 年，Cisco 公司开始将入侵检测技术嵌入路由器中。同时，ISS 公司发布了基于 Windows 平台的 ISS RealSecure 入侵检测系统，自此拉开了商用网络入侵检测系统的发展序幕。

在入侵检测技术发展早期阶段，入侵检测还没有获得计算机用户的足够注意。早期入侵检测系统几乎都是基于主机的，但是现在最流行的商业入侵检测系统大多是网络型的。现在和未来几年内的发展趋势似乎是混合型及分布式系统的发展。

从 20 世纪 90 年代到现在，入侵检测系统的研发呈现出百家争鸣的繁荣局面，并在智能化和分布式两个方便取得了长足的进展。目前，SRI/CSL、普渡大学、加州大学戴维斯分校、洛斯阿拉莫斯国家实验室、哥伦比亚大学、新墨西哥大学等机构在这些方面的研究代表了当前的最高水平。随着攻击工具与攻击手法日趋复杂多样，特别是以黑客为代表的攻击者对网络的威胁日益突出，企业和组织对网络安全日益重视，构成网络信息安全技术体系的入侵检测系统以其强大的检测攻击的能力成为防火墙、防病毒产品后又一个重要安全组件。攻击技术和手段的不断发展促使 IDS 等网络安全产品不断更新换代，使得入侵检测系统产品从一个简单机械的产品发展成为智能化的产品。当前对入侵检测系统的研究主要集中在建立不同环境下的系统体系结构和应用新的入侵检测技术到入侵检测系统中。

Chapter 2

第2章 入侵检测系统的实现

2.1 传统网络面临的安全问题

随着计算机网络的迅猛发展，信息的获取、传递、存储、处理和利用变得更加有效、迅速，个人、企业及政府部门越来越多地依靠网络传递信息。然而，网络在给人们的学习、生活和工作带来巨大便利的同时，其开放性与共享性也容易使它受到外界的攻击与破坏，信息的安全保密性受到严重影响，带来了各种安全问题。日益严重的网络信息安全问题，不仅使上网企业、机构及用户蒙受巨大的经济损失，而且使国家的安全与主权面临严重威胁。网络安全问题已成为世界各国政府、企业及广大网络用户最关心的问题之一。

网络入侵从根本上来说，主要是因为网络存在很多安全隐患，使得攻击者有机可乘。总结起来，主要有以下几个方面原因。

（1）黑客攻击：黑客技术逐渐被越来越多的人掌握和发展。目前，世界上有20多万个黑客网站，这些站点介绍一些攻击方法和攻击软件的使用，以及系统存在的一些漏洞，因而系统、站点遭受攻击的可能性大大提升。尤其是现在还缺乏针对网络犯罪卓有成效的反击和跟踪手段，使得黑客攻击的隐蔽性好、“杀伤力”强，是网络安全的主要威胁。

（2）管理欠缺：网络系统的严格管理是企业、机构及用户免受攻击的重要措施。事实上，很多企业、机构及用户的网站或系统都疏于这方面的管理。例如，系统管理员配置不到位、使用脆弱性口令等，这些漏洞都将导致易于被攻击者利用。

（3）网络缺陷：因特网的共享性和开放性使网上信息安全存在先天不足，其赖以生存的 TCP/IP 协议族缺乏相应的安全机制，并且在协议设计时基本没有考虑安全问题。虽然现在已经充分意识到了这一点，但是由于 TCP/IP 协议已经广泛使用，在安全可靠、服务质量、带宽和便捷性等方面存在着不适应性。

（4）软件漏洞：随着软件系统规模的不断增大，系统中的安全漏洞或“后门”也不可避免。众所周知，各种操作系统、协议栈、服务器守护进程、各种应用程序等都存在不少漏洞，最常见的有缓冲区户、竞争条件（多个程序同时访问一段数据）等。可以说任何一个软件系统都可能因为程序员的一个疏忽、设计中的一个缺陷等原因而存在漏洞，这也是网络安全的主要威胁之一。

（5）网络内部用户的误操作、资源滥用和恶意行为：常见的网络安全设备和防护技术通常无法抵御来自网络内部的攻击，也无法对网络内部的资源滥用做出反应。

因此，研究各种切实有效的安全技术来保障计算机系统、网络系统及整个信息基础设施的安全，已成为刻不容缓的重要课题。

2.1.1　网络中普遍的黑客入侵手段

网络入侵通常是指在非授权的情况下，通过各种网络攻击手段获取网络或文件的访问权限，从而实现侵入他人电脑系统、盗窃系统保密信息、扰乱系统正常运行或破坏目标系统的数据等目的的行为。它可以造成系统数据的丢失和破坏，也可以造成系统拒绝对合法用户服务等危害。也可以说，试图破坏信息系统的完整性、机密性、可信性的任何网络活动都称为网络入侵。

网络入侵行为企图暗中破坏目标系统的安全措施以达到访问非法信息、改变系统行为和破坏系统可用性的目的。入侵是一个广义的概念，不仅包括被发起攻击的人（如恶意的黑客）取得超出合法范围的系统控制权，也包括收集漏洞信息、造成拒绝访问（Denial of Serve）等给计算机系统造成危害的行为。

随着信息和网络技术的高速发展及政治、经济或者军事利益的驱动，计算机和网络基础设施，特别是各种官方机构的网站，成为黑客攻击的热门目标。近年来对电子商务的热切需求，更加激化了网络入侵事件的增长趋势。下面介绍一下几个典型的网络入侵攻击手段。

1. 网络扫描

这是指基于网络的简单信息收集攻击。通常，网络扫描运用一些程序或者专用的扫描器来实现。

攻击者在确定攻击目标之后，首先要对目标进行深入的调查，采用网络扫描手段收集有用的数据，为进一步的行动提供极有价值的信息。通过向目标主机发送一系列的数据报文并分析返回结果来了解目标主机的一些状况，如是否在线、端口开放情况、网络服务运行情况等；通过扫描允许连接的服务和开放端口，能迅速发现目标主机端口的分配情况及所提供的各项服务和服务程序的版本号。另外，通过扫描还可以探测到系统的漏洞等信息。黑客找到有机可乘的服务或端口后就可以进行攻击了。根据网络扫描方式的不同，可以将扫描分成端口扫描和漏洞扫描两大类。

常见的探测扫描程序有 SATAN、NTScan、X_Scan、Nessus 等。

2. 网络嗅探

这是指基于网络的信息嗅探攻击。嗅探器是一种能够捕获网络报文的设备。通用网络公司最早开发了一个能够捕捉网络报文的程序，称为 Sniffer。后来 Sniffer 就成为了各种嗅探器的代名词。

一个放置很好的嗅探器可以分析网络的流量，帮助找出网络中潜在的问题。网络管理员可以通过嗅探器对网络的运行状态做出分析，便于解决网络通信中的各种问题。嗅探器运行在网络的底层，非法使用嗅探器是入侵者在网络中进行欺骗或者进行其他攻击行为的开始。通过嗅探器捕获网络中传输的口令等机密信息，可帮助入侵者获取更高的权限。

嗅探器通常安装在某一台主机上，其工作在很大程度上依赖于目前小型局域网及网络设备的工作方式。为获取本网段上的所有报文，可在实际应用中将嗅探主机的网卡设置为混杂模式，对流经某个以太网段的所有数据包进行监听，以获取敏感信息，如包含了“username”或“password”等信息的数据包。又如，通过记录两台主机之间的网络接口地址、IP 地址、路由信息及 RCP 序列号等信息，可以对其中一台主机进行 IP 欺骗攻击。

常见的网络监听工具有 NetRay、Sniffer、Etherfind、Snoop、Tcpdump 等。

3. 网络拒绝服务攻击

这是指在互联网上组织大量的计算机针对某一个特定的计算机进行大规模访问，使得被访问的计算机穷于应付来势凶猛的访问而无法继续提供正常服务，包括网络拒绝服务攻击和分布式拒绝服务攻击（分布式拒绝服务攻击与生俱来就是基于网络的拒绝服务攻击）。

常见的网络拒绝服务攻击有 ping of death、teardrop、udp flood、syn flood、land 等。

4. 解码类攻击

这是指对通过各种方法获取的 password 文件，使用口令猜测程序来破译用户网络登录的账号和密码，进行用户非授权登录的网络攻击。

常见的解码工具有 Crack、LophtCrack 等。

5. 缓冲区溢出

这是指通过往程序的缓冲区写超出其长度的内容，造成缓冲区的溢出，从而破坏程序的堆栈，使程序转而执行其他的指令。如果这些指令是放在有 Root 权限的内存中，那么一旦这些指令得到了运行，入侵者就以 Root 权限控制了系统，从而达到入侵的目的。缓冲区溢出攻击的目的就在于扰乱某些以特权身份运行的程序的功能，使入侵者获得系统的控制权。

通常攻击者都是利用缓冲区溢出漏洞实施攻击，攻击方式包括在程序的地址空间里安排适当的代码、控制程序转移到攻击代码的形式、植入综合代码和流程控制等。

6. 特洛伊木马

这是指一种隐藏在计算机系统中不为用户所知的恶意程序，通常用于潜伏在计算机系统中来与外界连接，并接受外界的指令。被植入木马的计算机系统内的所有文件都会通过网络被外界所获得，并且该系统也会被外界所控制，也可能会被利用作为攻击其他系统的攻击源。对这类问题的检查，通常需要非常有经验的技术人员才能胜任。

著名的特洛伊木马有 SUB7、BO2000、冰河、NetBus、灰鸽子等。

7. 网络蠕虫

这是一种可不断自我复制并在网络中传播的程序，利用计算机系统的漏洞进入系统自我复制，并继续向互联网上的其他系统进行传播。

例如，莫里斯、红色代码、尼姆亚、熊猫烧香等。其危害通常包括如下两个方面：

（1）进入被攻击的系统后，一旦具有控制系统的能力，就可以使得该系统被远程操纵，导致重要系统的信息泄露，或是被利用来对其他系统进行攻击。

（2）不断蜕变并在网络上传播，会导致网络阻塞的现象发生，从而致使网络瘫痪。

网络入侵行为的攻击手段与以往相比，更加智能化，攻击目标直指互联网基础协议和底层操作系统。攻击手法不断翻新，从 Web 控制程序到内核级的 rootkits，对网络安全的威胁越来越大。可以预见，网络攻击技术和攻击工具有如下发展趋势：

① 攻击的自动化程度越来越高；

② 攻击工具高度集成，越来越复杂；

③ 病毒与黑客技术相融合，危害越来越大；

④ 针对源码开放软件的攻击开始增多。

2.1.2 传统威胁防护方法的优缺点

网络安全越来越受到政府、企业乃至个人的重视。不同环境和应用中的网络安全各有不同的含义和侧重，相应的安全措施也各不相同。传统的安全防御机制主要通过数据加密、身份认证、访问控制、杀毒软件、数字签名、虚拟专用网、漏洞扫描和防火墙等安全措施来保护计算机系统及网络基础设施。

在出现入侵检测系统之前，最常用的防范网络入侵的方法就是防火墙技术。防火墙（Firewall）是一种高级访问控制设备，设置在不同网络（如可信的内部网和不可信的公共网）或网络安全域之间的一系列部件的组合。它属于网络层安全技术，是不同网络安全域间通信流的唯一通道。其主要功能是控制对网络的非法访问，通过监视、限制、更改通过网络的数据流，一方面尽可能屏蔽内部网的拓扑结构，另一方面对内屏蔽外部危险站点，以防范外对内的非法访问，从而保护与互联网相连的企业内部网络或单独节点。它具有简单实用的特点，并且透明度高，可以在不修改原有网络应用系统的情况下达到一定的安全要求。

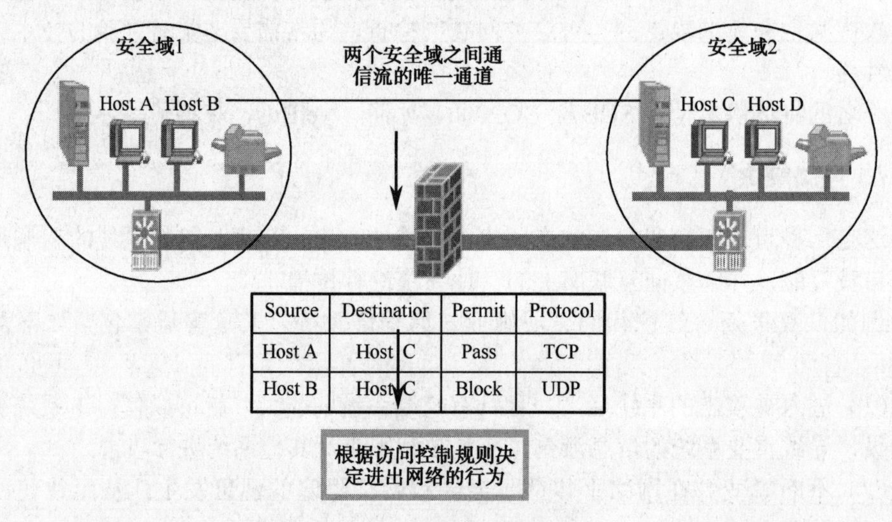

图 2-1 防火墙作用示意图

防火墙作为一种边界安全的手段，在网络安全保护中起着重要作用。然而，防火墙存在明显的局限性。

（1）入侵者可以找到防火墙背后可能敞开的后门，绕过防火墙进行攻击，而防火墙不能控制未经过防火墙的访问，因此无法阻止这类情况下入侵者的攻击。

（2）对来自内部的攻击无能为力。调查发现，80%的成功攻击都来自防火墙内部，因为防火墙所提供的服务方式是要么都拒绝，要么都通过，而这无法完全满足用户复杂的应用要求。

（3）不能防止有病毒的软件的传送。例如，不能完全防止用户由互联网上下载被病毒感染的计算机程序或者将该类程序附在电子邮件上传输等。

（4）仅能拒绝非法的连接请求，但是对于入侵者的攻击行为仍一无所知。

（5）由于性能的限制，防火墙通常不能提供实时的入侵检测能力，无法及时应对层出不穷的网络攻击技术。

因此，防火墙技术虽然为网络服务提供了较好的身份认证和访问控制，但它是一种被动防御性的网络安全工具，入侵者可以利用脆弱性程序或系统漏洞绕过防火墙的访问控制来进行非法攻击。单纯的防火墙策略已经无法满足对安全高度敏感部门的需要，网络的防卫必须采用一种纵深的、多样化的手段。

再来分析其他安全防护技术。传统的身份认证技术很难抵抗脆弱性口令、字典攻击、特洛伊木马、网络嗅探器以及电磁辐射等攻击手段；虚拟专用网技术只能保证传输过程中的安全，并不能防御诸如攻击、缓冲区溢出等常见的攻击；扫描器是根据攻击特征数据库来扫描系统漏洞的，它更关注配置上的漏洞而不是当前进出主机或网络的流量，在遭受攻击的主机上，即使正在运行着扫描程序，也无法识别这种攻击。另外，上述这些技术都属于静态安全技术的范畴，其缺点是只能静态和消极地防御入侵，而不能主动检测和跟踪入侵。

表 2-1 列举了在入侵检测系统出现之前几种主流的传统网络安全防御机制的优缺点。

表 2-1 传统网络安全产品技术优缺点分析表

传统产品	优 点	缺 点
防火墙	可简化网络管理，产品成熟	无法处理网络内部的攻击，容易被绕过
漏洞扫描器	完全主动式安全工具，能够了解网络现有的安全水平，简单可操作，帮助系统管理员和安全服务人员解决实际问题	不能真正了解网络上即时发生的攻击
VPN	保护公网上的内部通信	无法防御各种攻击
防病毒	针对文件与邮件，产品成熟	功能单一

可见，传统的网络安全技术虽然对保护网络的安全起到非常重要的作用，然而它们也存在不少缺陷。网络入侵者一旦利用脆弱程序或系统漏洞绕过这些安全措施，就可以获得未经授权的资源访问，从而导致系统的巨大损失或完全崩溃。

2.1.3 入侵检测系统的出现

近年来，随着网络入侵技术和攻击手段的多变性、公开普及化等发展趋势，各类网络攻击所造成的破坏性和损失日益严重，网络安全威胁日益增长。单一安全防护产品的防御方法和防御策略的有限性，导致传统的防火墙等网络安全技术已无法防范复杂多变、日益猖獗的入侵行为，于是就产生了对付入侵行为的第二道防线——入侵检测系统。

入侵检测技术是近年发展起来的用于检测任何损害或企图损害系统保密性、完整性或可用性行为的一种新型安全防范技术。现在，入侵检测已经成为网络安全中一个重要的研究方向，在各种不同的网络环境中发挥重要作用。

入侵检测技术是一种主动发现网络隐患的安全技术，它主动收集包括系统审计数据、网络数据包及用户活动等多方面的信息，然后进行安全性分析，从而及时发现各种入侵并产生响应。

入侵检测系统是被认为防火墙之后的第二道安全闸门，在不影响网络性能的情况下，通过对网络的监测，在入侵行为对系统发生危害前检测到入侵攻击，并利用报警与防护系统帮助系统驱逐入侵攻击。作为防火墙的合理补充，入侵检测技术能够帮助系统应对网络攻击，扩展了系统管理员的安全管理能力（包括安全审计、监视、攻击识别和响应），提高了信息安全基础结构的完整性。它从计算机网络系统中的若干关键点（不同网段和不同主机）收集信息，并分析这些信息（将事件与入侵检测规则比较），在发现入侵行为与迹象后，及时做出响应，包括切断网络连接、记录事件和报警等，从而提供对内部攻击、外部攻击和误操作的实时保护，大大提高网络的安全性。它主要可以防止或减轻以下几种网络威胁。

1. 识别黑客常用的入侵与攻击手段

入侵检测系统产品通过分析各种攻击的特征，可以全面快速地识别探测攻击、拒绝服务攻击、缓冲区溢出攻击、电子邮件攻击、浏览器攻击等各种常用攻击手段，并做出相应的防范。一般来说，黑客在进行入侵的第一步探测、收集网络及系统信息时，就会被入侵检测系统捕获。

2. 监控网络异常通信

入侵检测系统会对网络中不正常的通信连接做出反应，保证网络通信的合法性；任何不符合网络安全策略的网络数据都会被入侵检测系统侦测到并警告。

3. 鉴别对系统漏洞及后门的利用

入侵检测系统一般带有系统漏洞及后门的详细信息，通过对网络数据包连接的方式、连接端口及连接中特定的内容等特征进行分析，有效地发现网络通信中针对系统漏洞进行的非法行为。

4. 完善网络安全管理

入侵检测系统通过对攻击或入侵的检测及反应，可以有效地发现和防止大部分的网络犯罪行为，给网络安全管理提供了一个集中、方便、有效的工具。使用入侵检测系统的数据监测、主动扫描、网络审计、统计分析功能，可以进一步监控网络故障，完善网络管理。

总之，入侵检测系统处于防火墙之后对网络活动进行实时检测，监听当前网络的活动，记录网络流量，根据定义好的规则来过滤从主机网卡到网线上的流量，提供实时报警，并可以和防火墙、路由器等设备进行联动配合工作。

2.2 入侵检测系统与技术

传统的安全防御机制采用严格的访问控制、数据加密等策略来防护，但在复杂系统中，这些策略是不充分的。它们是系统安全不可缺的部分，但不能完全保证系统的安全，因此引发了入侵检测技术和产品的相关研究与开发。

2.2.1 入侵检测系统概述

1. 入侵检测相关概念

入侵检测的核心思想起源于安全审计机制。安全审计机制是基于系统安全的角度来记录和分析事件，通过风险评估制定可靠的安全策略并提出有效的安全解决方案。在计算机系统遭受攻击时，安全审计机制应当给安全管理人员提供足够的信息识别系统的异常行为。

1980 年，James P.Anderson 第一次系统阐述了入侵检测的概念，并将入侵尝试或威胁定义为：潜在的、有预谋的、未经授权的访问信息、操作信息、致使系统不可靠或无法使用的企图。

入侵检测是通过从计算机网络系统中的若干关键点收集信息并对其进行分析，从中发现违反安全策略的行为和遭到攻击的迹象，并做出自动的响应。作为一种主动的网络安全防御措施，入侵检测技术就是采取技术手段发现入侵和入侵企图，以便采取有效的措施来堵塞漏洞和修复系统。其主要功能是对用户和系统行为的监测与分析、系统配置和漏洞的审计检查、重要系统和数据文件的完整性评估、已知的攻击行为模式的识别、异常行为模式的统计分析、操作系统的审计跟踪管理及违反安全策略的用户行为的识别。入侵检测通过迅速地检测入侵，在可能造成系统损坏或数据丢失之前，识别并驱除入侵者，使系统迅速恢复正常工作，并且阻止入侵者进一步的行动。同时，收集有关入侵的技术资料，用于改进和增强系统抵抗入侵的能力。

入侵检测的目的包括：识别入侵者；识别入侵行为；检测和监视已实施的入侵

行为；为对抗入侵提供信息，阻止入侵的发生和事态的扩大。这些都通过它执行以下任务来实现：

（1）监视、分析用户及系统活动；

（2）审计系统构造和弱点；

（3）识别、反映已知进攻的活动模式，向相关人士报警；

（4）统计分析异常行为模式；

（5）评估重要系统和数据文件的完整性；

（6）审计、跟踪管理操作系统，识别用户违反安全策略的行为。

在上述基础上，入侵检测系统产品即是检测企图破坏计算机资源的完整性、真实性和可用性行为的软件与硬件的组合，其目的就是发现非授权使用计算机的个体（如“黑客”）或计算机系统的合法用户滥用其访问系统的权利以及企图实施上述行为的个体。

2. 入侵检测系统模型

美国斯坦福国际研究所（SRI）的 D.E.Denning 于 1986 年首次提出一种入侵检测模型，该模型的检测方法就是建立用户正常行为的描述模型，并以此同当前用户活动的审计记录进行比较，如果有较大偏差，则表示有异常活动发生。这是一种基于统计的检测方法。随着技术的发展，后来人们又提出了基于规则的检测方法。结合这两种方法的优点，人们设计出很多入侵检测的模型。通用入侵检测构架（Common Intrusion Detection Framework，CIDF）组织试图将现有的入侵检测系统标准化，其标准化工作基于这样的思想：入侵行为的广泛性和多样性致使单个入侵检测系统不可能检测出所有的入侵行为，因此需要一个入侵检测系统和其他入侵检测系统合作来检测跨网段或较长时间段的不同攻击。

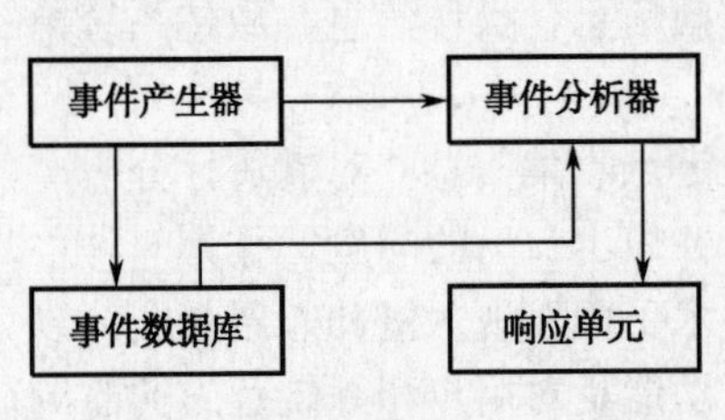

图 2-2　入侵检测系统基本组件图

CIDF 阐述了一个入侵检测系统的通用模型（一般称为 CIDF 模型），然后对框架中部件间的网络通信协议和 API 进行标准化，并定义了一种通用入侵规范语言 CISL（Common Intrusion Specification Language），以实现不同 IDS 组件的通信和管理。它将一个入侵检测系统分为四个相对独立的功能组件，如图 2-2 所示。

（1）事件产生器（Event Generators）：即信息获取子系统，从整个计算环境中捕获自于网络和主机的事件信息，并向系统的其他组成部分提供该事件数据，为检测分析提供原始数据。

（2）事件分析器（Event Analyzers）：即分析机子系统，是入侵检测系统的核心部分，用于对获取的事件信息进行分析并产生分析结果，从而判断出是否有入侵行为发生并检测出具体的攻击手段。

（3）响应单元（Response Units）：即响应控制子系统，对分析结果做出反应的功能单元，它可以做出切断连接、改变文件属性等有效反应，用以向系统管理员报告分析结果并采取适当的相应策略以响应入侵行为。

（4）事件数据库（Event Databases）：即数据库子系统，用来存储系统运行的中间和最终数据的地方的统称，用于指导事件的分析及反应。它可以是复杂的进行规则匹配的安全知识库，也可以是简单的文本文件。

CIDF 组件之间是以通用入侵检测对象（Genrealized Intrusion Object，Gidos）的形式交换数据的，Gidos 使用通用入侵规范语言 CISL 进行表示。一个 Gidos 可以表示在一些特定时刻发生一些特定事件，也可以表示从一系列事件中得出的一些结论，还可以表示执行某个动作的指令。

该模型将需要分析的数据通称为事件，事件可以是基于网络的数据包，也可以是基于主机的系统日志中的信息。其中，事件产生器的目的是从整个计算机环境中获得事件，并向系统其他部分提供此事件；事件分析器分析得到的事件并产生分析结果；响应单元则是对分析结果做出反应的功能单元，它可以做出切断连接、修改文件属性等强烈反应；事件数据库是存放各种中间和最终数据的地方的通称，它可以是复杂的数据库，也可以是简单的文本文件。

3. 入侵检测工作机制

入侵检测为网络安全提供实时检测及攻击行为检测，并采取相应的防护手段。例如，实时检测通过记录证据来进行跟踪、恢复、断开网络连接等控制；攻击行为检测注重于发现信息系统中可能已经通过身份检查的形迹可疑者，进一步加强信息系统的安全力度。入侵检测过程一般分为三个步骤：信息收集、信息分析和结果处理。

1）信息收集

入侵检测的效果在很大程度上依赖于收集信息的可靠性和正确性，作为入侵检测的第一步，主要收集系统、网络、数据及用户活动的状态和行为的信息，信息收集的来源包括如下几方面。

（1）系统和网络日志文件：攻击者常在系统日志文件中留下他们的踪迹，如系统和网络上不寻常、不期望活动的证据，这些证据指出有人正在入侵或已成功入侵了系统。因此，充分利用系统和网络日志文件信息是检测入侵的必要条件。日志文件中记录了各种行为类型，每种类型又包含不同的信息，如记录“用户活动”类型的日志，就包含登录、用户 ID 改变、用户对文件的访问、授权和认证信息等内容。对用户活动来讲，不正常或不期望的行为就是：重复登录失败、登录到不期望的位置及企图访问非授权的重要文件等。

（2）非正常的目录和文件改变（包括修改、创建和删除）：网络环境中的文件系统包含很多软件和数据文件，包含重要信息的文件和私有数据文件经常是黑客修改或破坏的目标；目录和文件中的不期望的改变（包括修改、创建和删除），特别是那些正常情况下限制访问的，很可能就是一种入侵产生的指示和信号；入侵者经常替换、修改和破坏他们获得访问权的系统上的文件，同时为了隐藏系统中他们的表现及活动痕迹，都会尽力去替换系统程序或修改系统日志文件；系统程序发生替换；系统日志文件出现修改等现象。

（3）非正常的程序执行：表现为有非法行为的进程出现。

（4）其他如网络流量等信息。

入侵检测一般采用分布式结构，因此需要在计算机网络系统中的若干不同关键点（不同网段和不同主机）收集信息，一方面扩大检测范围，另一方面通过多个采集点的信息的比较来判断是否存在可疑现象或发生入侵行为。

2）信息分析

常用的分析方法有模式匹配（误用）、统计分析（异常）、完整性分析：

（1）模式匹配是将收集到的信息与已知的网络入侵和系统误用模式数据库进行比较，从而发现违背安全策略的行为。一般来讲，一种攻击模式可以用一个过程（如执行一条指令）或一个输出（如获得权限）来表示，该过程可以很简单（如通过字符串匹配以寻找一个简单的条目或指令），也可以很复杂（如利用正规的数学表达式来表示安全状态的变化）。

（2）统计分析是将用户、文件、目录、设备等的访问次数、操作失败次数、延时等属性的平均值与它们的实时行为进行比较。当观察值超出正常值范围时，就有可能发生入侵行为。该方法的难点是阈值的选择，阈值太小可能产生错误的入侵报告，阈值太大可能漏报一些入侵事件。

（3）完整性分析主要关注某个文件或对象是否被更改，包括文件和目录的内容及属性。该方法往往用于事后分析，在发现被更改的、被安装木马的应用程序方面特别有效，能有效地防范特洛伊木马的攻击。

3）结果处理

在发现了攻击企图或违背安全策略的网络行为时，入侵检测系统需要及时对这些网络行为进行响应。响应的行为包括：告警、记录和进一步的处理措施等，进一步的处理措施可包括阻断连接、封锁用户、改变文件属性等，最强烈的响应方式还包括回击攻击者。

4. 入侵检测系统的作用

入侵检测系统的职责主要包括实时监测和安全审计。实时地监视、分析网络中所有的数据报文，发现并实时处理所捕获的数据报文；通过对入侵检测系统记录的网络事件进行统计分析，发现其中的异常现象，得出系统的安全状态，找出所需要的证据。入侵检测系统在网络安全防御系统中的作用如图 2-3 所示。

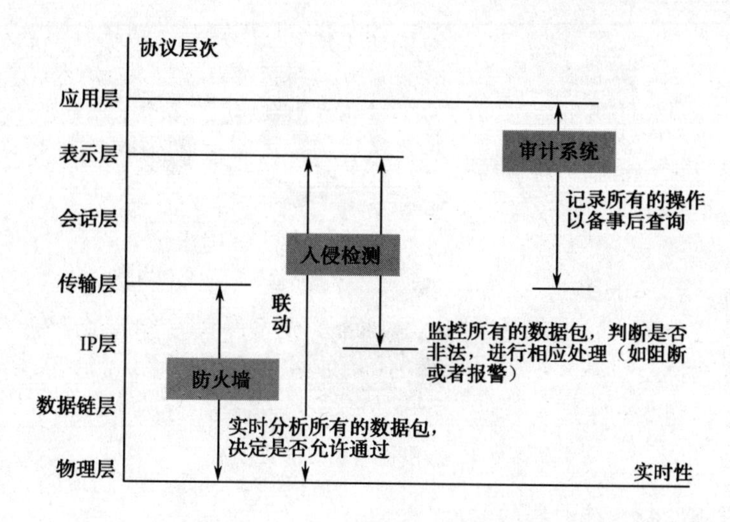

图 2-3　入侵检测系统作用示意图

5. 入侵检测系统的部署

不同于防火墙，入侵检测系统是一个监听设备，没有跨接在任何链路上，无须网络流量流经它便可以工作。因此，对入侵检测系统的部署，唯一的要求是：应当挂接在所有所关注流量都必须流经的链路上。通常，所关注流量指的是来自高网络区域的访问流量和需要进行统计、监视的网络报文。入侵检测系统在如今交换式网络中的位置一般选择在：

（1）尽可能靠近攻击源；

（2）尽可能靠近受保护资源。

这些位置通常是在：

（1）服务器区域的交换机上；

（2）Internet 接入路由器之后的第一台交换机上；

（3）重点保护网段的局域网交换机上。

经典的入侵检测系统的部署方式如图 2-4 所示。

6. 入侵检测系统的联动机制

目前，全交换的网络速度越来越快，网络数据包的采集存在较大困难，入侵检测系统作为网络安全整体解决方案的一个重要部分，需要与其他安全设备之间进行紧密的联系，在数据采集上进行协同并充分利用各层次的数据来提高入侵检测能力，与有充分响应能力的网络设备集成来构建响应和预警互补的综合安全系统，共同解决网络安全问题，因此对入侵检测系统提出了联动要求。入侵检测系统常见的联动设备主要有漏洞扫描、防火墙、路由器、交换机等。

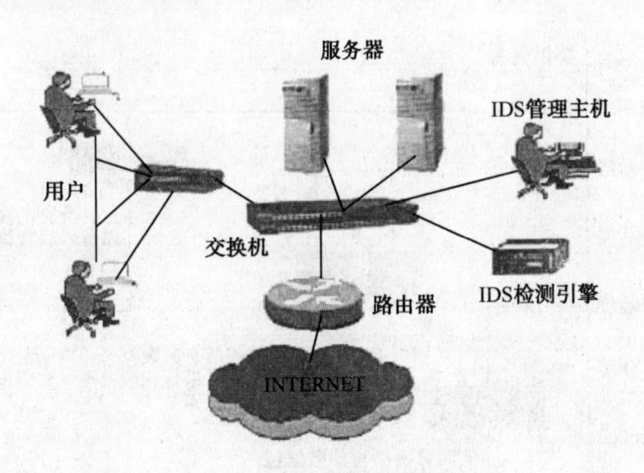

图 2-4 入侵检测系统部署位置

1）与漏洞扫描系统的联动

漏洞扫描系统的特点是利用完整的漏洞库，对网络中的各个主机进行扫描，并对其网络功能、操作系统和运行的应用程序的漏洞给出综合报告，提出修补办法，给出风险评估报告。入侵检测系统与扫描系统的联动可以利用扫描系统的扫描结果，对目前网络、系统和应用所存在的漏洞做到心中有数，然后利用扫描结果对预警策略进行修改，尽可能减少误报。

2）与防火墙的联动

入侵检测系统可以通过了解防火墙的策略，对网络上的安全事件进行更有效的分析，从而实现准确的报警，减少误报。此外，当入侵检测系统发现攻击行为时，可以通知防火墙对已经建立的连接进行有效的阻断，同时通知防火墙修改策略，防止潜在的进一步攻击的可能性。

3）与路由器、交换机的联动

交换设备对不同网段的数据并不共享，因此入侵检测系统通常采用如下方式：

（1）利用交换机的 span 口进行监听，无须改变入侵检测系统体系结构，但在数据流量较大时可能丢包。

（2）跨接在关键路径上，可捕获需要的所有数据，但是需要 IDS 产品支持，但有可能成为网络瓶颈。

（3）使用智能交换设备，在运行的过程中将各种数据流的信息上报给入侵检测系统，入侵检测系统根据上报信息和数据流内容进行检测，当发现网络安全事件时进行有针对性的响应动作，并将这些安全事件响应动作发送到交换机上，由交换机来实现精确端口的关闭和断开。

2.2.2 入侵检测技术分类

目前的入侵检测技术主要按信息源和分析方法进行分类。

1. 按信息源分类

根据信息源的不同，入侵检测技术分为基于主机型和基于网络型两大类。

1）基于主机的入侵检测技术

基于主机的入侵检测技术可监测系统、事件和 Windows NT 下的安全记录，以及 Unix 环境下的系统记录。当有文件被修改时，入侵检测系统将采用新的记录条目与已知的攻击特征进行比对的技术，如果匹配，就会向系统管理员报警或者作出适当的响应。

2）基于网络的入侵检测技术

基于网络的入侵检测技术以网络包作为分析数据源。它通常利用一个工作在混杂模式下的网卡来实时监视并分析通过网络的数据流。它的分析模块通常使用模式匹配、统计分析等技术来识别攻击行为。一旦检测到了攻击行为，入侵检测技术将通过响应模块做出适当的响应，如声光电/邮件报警、管理员屏显通知提醒、切断相关用户的网络连接、记录相关的信息等。

2. 按分析方法分类

根据入侵检测分析原理分类，可分为误用检测和异常检测两类。

1）误用检测技术

又称为基于知识的检测。误用检测假设所有可能的入侵行为都能被识别和表示。首先，设定一些入侵活动的特征，通过比对现在的活动是否与这些特征匹配来检测。这种方法是依据是否出现攻击签名来判断入侵行为，是一种直接的方法。

常用的具体实现方法有：基于条件概率误用入侵检测方法、基于专家系统误用入侵检测方法、基于状态转换分析误用入侵检测方法、基于规则误用入侵检测方法等。

误用检测的关键问题是攻击签名的正确表示。误用检测是根据攻击签名来判断入侵的，根据对已知的攻击方法的了解，用特定的模式语言来表示这种攻击，使得攻击签名能够准确地表示入侵行为及其所有可能的变种，同时又不会把非入侵行为包含进来。由于多数入侵行为是利用系统的漏洞和应用程序的缺陷，所以通过分析攻击过程的特征、条件、排列及事件间的关系，就可具体描述入侵行为的迹象。这些迹象不仅对分析已经发生的入侵行为有帮助，而且对即将发生的入侵也有预警作用。

误用检测将收集到的信息与已知的攻击签名模式库进行比较，从中发现违背安全策略的行为。由于只需要收集相关的数据，这样系统的负担明显减少。该方法类似于病毒检测系统，其检测的准确率和效率都比较高。但是它也存在一些缺点。

（1）不能检测未知的入侵行为：由于其检测机理是对已知的入侵方法进行模式提取，对于未知的入侵方法就不能进行有效的检测。也就是说漏警率比较高。

（2）与系统的相关性很强：对于不同实现机制的操作系统，由于攻击的方法不尽相同，很难定义出统一的模式库。另外，误用检测技术也难以检测出内部人员的入侵行为。

目前，由于误用检测技术比较成熟，多数的入侵检测系统商业产品都是基于误用检测模型的。

2）异常检测技术

又称为基于行为的检测。异常检测假设所有的入侵行为都是异常的。为实现该类检测，首先建立系统或用户的“规范集”，当主体的活动违反其统计规律时，认为可能是“入侵”行为。此方法不依赖于是否表现出具体行为来进行检测，是一种间接的方法。

常用的具体实现方法有：基于特征选择异常检测方法、基于贝叶斯推理异常检测方法、基于模式归纳异常检测方法、基于神经网络异常检测方法、基于机器学习异常检测方法、基于数据采掘异常检测方法等。

采用异常检测的关键问题在于如下两方面。

（1）特征量的选择：在建立系统或用户的行为特征轮廓的正常模型时，选取的特征量既要能准确地体现系统或用户的行为特征，又能使模型最优化，即以最少的特征量就能涵盖系统或用户的行为特征。

（2）参考阈值的选定：由于异常检测是以正常的特征轮廓作为比较的参考基准，所以参考阈值的选定非常关键。阈值设定得过大，漏报率就会很高；阈值设定得过小，误报率就会提高。合适的参考阈值的选定是决定这一检测方法准确率的至关重要的因素。

由此可见，异常检测技术难点是“正常”行为特征轮廓的确定、特征量的选取、特征轮廓的更新。由于这几个因素的制约，异常检测的误报率很高，但对于未知的入侵行为的检测非常有效。此外，由于需要实时建立和更新系统或用户的特征轮廓，这样所需的计算量很大，对系统的处理性能要求很高。

2.2.3 入侵检测技术发展阶段

入侵检测技术起源于入侵检测技术创始人 James P. Anderson 提出的利用安全审计监视入侵行为的思想，其思想主要可归纳为以下两点：

（1）采用审计数据统计分析方法建立系统用户的行为模式，当用户行为明显偏离系统所建立的行为模式时，将产生报警信号。

（2）采用基于规则匹配的专家系统机制来检测已知入侵行为，当入侵特征与检测规则匹配时，系统产生报警信号。

经历了这 30 多年的发展，归纳起来，入侵检测技术的发展主要历了以下几个主要阶段。

第一阶段是以基于协议解码和模式匹配为主的技术，其优点是对于已知的攻击行为非常有效，各种已知的攻击行为可以对号入座，误报率低；缺点是高超的黑客采用变形收发或者新技术可以轻易躲避检测，漏报率高。

第二阶段是以基于模式匹配、简单协议分析和异常统计为主的技术，其优点是能够分析处理一部分协议，可以进行重组；缺点是匹配效率较低，管理功能较弱。这种检测技术实际上是在第一阶段技术的基础上增加了部分对异常行为分析的功能。

第三阶段是以基于完全协议分析、模式匹配和异常统计为主的技术，其优点是误报率、漏报率和虚报率较低，并在此基础上实现了多级分布式的监测管理；缺点是可视化程度不够，防范及管理功能较弱。

第四阶段是基于安全管理、协议分析、模式匹配和异常统计为主的技术，其优点是入侵管理和多项技术协同工作，建立全局的主动保障体系，具有良好的可视化、可控性和可管理性。

目前，大多数入侵检测技术中主要采用行为统计、专家系统、神经网络、模式匹配、状态转换分析等技术，分析事件的审计记录，识别特定的模式，生成最终分析结果。近几年来不断有新的方法和技术出现于入侵检测领域，包括：将免疫原理运用到分布式入侵检测领域；采用状态转换技术来优化误用检测系统，将数据挖掘的技术用到入侵检测中等。

入侵检测技术的发展过程是入侵与防御技术的抗衡过程，同时也是入侵检测自身不断超越和完善的过程。目前入侵检测技术从简单的事件报警发展成实现广泛的趋势预测和深入的行为分析，并且可达到大规模部署、入侵预警、精确定位及监管结合的功效。

由于攻击的先进性、隐蔽性和环境的复杂性，以及用户对于入侵检测的理解和应用的局限，目前入侵检测技术的发展空间依旧很大。

2.2.4　入侵检测系统基本原理

入侵检测系统能在入侵攻击对系统发生危害前检测到入侵攻击，并利用报警与防护系统驱逐入侵攻击；在入侵攻击过程中，尽可能减少入侵攻击所造成的损失；在被入侵攻击后，能收集入侵攻击的相关信息，作为防范系统的知识添加到知识库内，从而增强系统的防范能力。无论入侵检测系统是网络型的还是主机型的，从功能上看，都可分为探测引擎和控制中心两大部分，前者用于读取原始数据和产生事件，后者用于显示和分析事件以及策略定制等工作。图 2-5 反映了入侵检测系统这两大部分的交互关联。

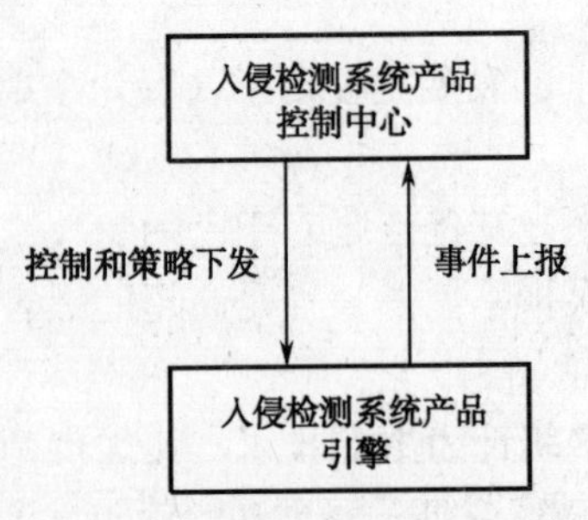

图 2-5　入侵检测系统基本结构图

其中，探测引擎的主要功能包括原始数据读取、数据分析、产生事件、策略匹配、事件处理、通信等功能，而控制中心的主要功能为通信、事件读取、事件显示、策略定制、日志分析、系统帮助等。

对一个成功的入侵检测系统来讲，它应该能够使系统管理员时刻了解网络系统（包括程序、文件和硬件设备等）的任何变更；为网络安全策略的制订提供指南；它应该管理、配置简单，从而使非专业人员非常容易地获得网络安全；入侵检测的规模应根据网络威胁、系统构造和安全需求的改变而改变。作为一种主动式的安全防卫系统，入侵检测系统的响应机制会阻挡或干扰入侵过程。当系统在检测过程中一旦发现攻击，入侵检测机制将根据具体情况，做出适当响应，具体包括：

（1）自动终止攻击；

（2）终止用户连接；

（3）重新配置网络资源；

（4）向管理控制台发出警告，指出事件的发生；

（5）记录事件的日志，包括日期、时间、源地址、目的地址、描述及事件相关的原始数据；

（6）实时观看事件中的原始记录（或者记录下来后再回放）；

（7）执行一个用户自定义程序；

（8）用户可以为代理服务器自定义连接事件。

图 2-6 所示是入侵检测系统的工作原理图。

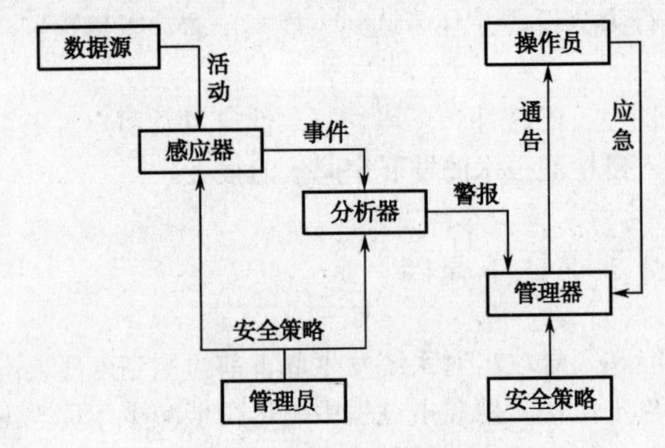

图 2-6　入侵检测系统原理图

通常，入侵检测系统分析和判断攻击行为、特定行为或违反策略的异常行为时，需要经过下列四个阶段。

1）数据采集

网络入侵检测系统利用处于混杂模式的网卡来获得通过网络的数据，采集必要的数据用于入侵分析。

2）数据过滤

根据预定义的设置，进行必要的数据过滤，从而提高检测、分析的效率。

3）攻击检测/分析

根据定义的安全策略，实时监测并分析通过网络的所有通信业务，使用采集的网络包作为数据源进行攻击辨别，通常采用模式匹配、表达式或字节匹配、频率或穿越阈值、事件的相关性和统计异常检测等技术来识别攻击。

4）事件报警/响应

当入侵检测系统检测到了攻击行为，其响应模块就提供多种选项以通知、报警并对攻击采取相应的反应，如通知管理员、记录数据库等。

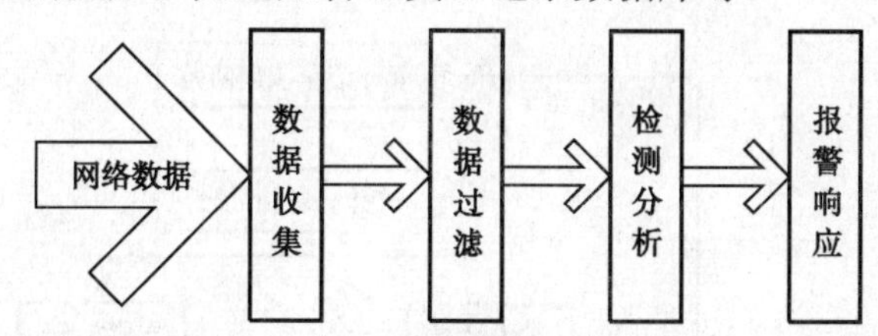

图2-7　入侵检测系统工作流程

2.2.5　入侵检测系统分类

根据不同的分类标准，入侵检测系统可分为不同的类别。从前面的介绍，可以看到入侵检测系统可以对主机或网络中的特定攻击进行监测，也可以对异常行为进行分析。对于入侵检测系统要考虑的因素（分类依据）主要的有数据源、检测技术、分析方法、同步技术、响应方式等。

1．按照数据源分类

入侵检测系统要对所监控的网络或主机的当前状态做出判断，需要以原始数据中包含的信息为基础。按照入侵检测系统所处理的原始数据的来源分类，可将入侵检测系统分为主机型入侵检测系统、网络型入侵检测系统和分布式入侵检测系统等类型。

其中，基于主机的入侵检测系统从单个主机上提取数据（如审计记录等）作为入侵分析的数据源，而基于网络的入侵检测系统从网络上提取数据（如网络链路层的数据帧）作为入侵分析的数据源。通常来说，基于主机的入侵检测系统只能检测单个主机系统，而基于网络的入侵检测系统可以对本网段的多个主机系统进行检测，多个分布于不同网段上的基于网络的入侵检测系统可以协同工作以提供更强的入侵检测能力。

1）主机型入侵检测系统（HIDS）

HIDS 是被设计用于监视、检测对于主机的攻击行为，通知用户并进行响应。它通过监视与分析主机的审计记录检测入侵，部分功能强大的产品还能提供审计策略管理与集中控制，提供数据对比、统计与分析支持。

HIDS 通常是安装在被重点监测的主机之上的，其目标多是主机系统和本地用户，主要是对该主机的网络实时连接以及系统审计日志进行智能分析和判断。如果其中主体活动十分可疑（特征或违反统计规律），入侵检测系统就会采取相应措施。其工作机制如图 2-8 所示。

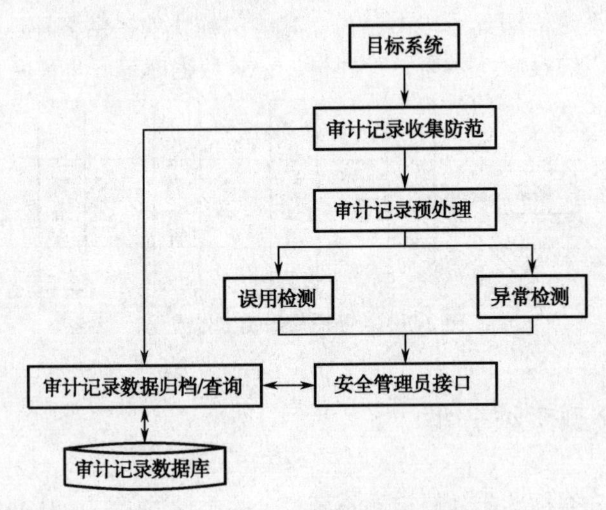

图 2-8 主机型入侵检测系统工作机制

HIDS 可以有若干种实现方法：

（1）检测系统设置以发现不正当的系统设置和系统设置的不正当更改，如 COPS（Computer Oracle and Password System）系统。

（2）对系统安全状态进行定期检查以发现不正常的安全状态，如 Tripwire 系统。

（3）通过替换服务器程序，在服务器程序与远程用户之间增加一个中间层，在该中间层中实现跟踪和记录远程用户的请求和操作，如 TCPwrapper。

（4）基于主机日志的安全审计，通过分析主机日志来发现入侵行为。目前很多是基于主机日志分析的入侵检测系统。

HIDS 具有检测效率高、分析代价小、分析速度快的特点，能够迅速并准确地定位入侵者，并可以结合操作系统和应用程序的行为特征对入侵进行进一步分析，其优点主要包括如下几方面。

（1）HIDS 对分析“潜在的攻击行为”比较有效。举例来说，有时候它除了指出入侵者试图执行一些“危险的命令”之外，还能分辨入侵者干了什么事、他们运行了什么程序、打开了哪些文件、执行了哪些系统调用。HIDS 与 NIDS 相比通常能够提供更详尽的相关信息。

（2）HIDS 通常情况下比网络入侵检测系统误报率要低，因为检测在主机上运行的命令序列比检测网络流更简单，系统的复杂性也低得多。

（3）HIDS 可安装在那些不需要广泛的入侵检测、传感器与控制台之间的通信带宽不足的情况下。HIDS 在不使用诸如“停止服务”、“注销用户”等响应方法时风险较低。

然而，HIDS 具有以下缺点。

（1）HIDS 安装在需要保护的设备上，会降低应用系统的效率。举例来说，当一个数据库服务器要保护时，就要在服务器本身上安装入侵检测系统，从而降低应用系统的效率。此外，还会带来一些额外的安全问题，如安装了 HIDS 后，将本不在安全管理员访问权限范围内的服务器变成其可以访问的了。

（2）HIDS 依赖于服务器固有的日志与监视能力，这将会给运行中的业务系统带来不可预见的性能影响。

（3）全面安装 HIDS 代价较大，企业中很难对所有主机采用 HIDS 保护，只能选择分主机保护。那些未安装 HIDS 的机器将成为保护的盲点，入侵者可利用这些机器达到攻击目标。

（4）HIDS 除了监测自身的主机以外，不监测网络上的情况。对入侵行为分析的工作量将随着主机数目增加而增加。

（5）在一定程度上依赖于系统的可靠性，它要求系统本身应该具备基本的安全功能并具有合理的设置，然后才能提取入侵信息；即使进行了正确的设置，对操作系统熟悉的攻击者仍然有可能在入侵行为完成后及时地将系统日志抹去，从而不被发觉；

（6）主机的日志能够提供的信息有限，有的入侵手段和途径不会在日志中有所反映，日志系统对有的入侵行为不能作出正确的响应，例如利用网络协议栈的漏洞进行的攻击，通过 ping 命令发送大数据包，造成系统协议栈溢出而死机，或是利用 ARP 欺骗来伪装成其他主机进行通信，这些手段都不会被高层的日志记录下来。

（7）在数据提取的实时性、充分性、可靠性方面，基于主机日志的 HIDS 不如 NIDS。

2）网络型入侵检测系统（NIDS）

NIDS 是通过分析主机之间网络上传输的信息来工作的，能截取利用不同传输介质及不同协议进行传输的数据包（大部分入侵检测系统主要是针对 TCP/IP 协议）。NIDS 是根据网络流量、网络数据包和协议来分析检测入侵行为的。

NIDS 放置在比较重要的网段内，不停地监视网段中的各种数据包。对每一个数据包或可疑的数据包进行特征分析。如果数据包与产品内置的某些规则吻合，入侵检测系统就会发出警报甚至直接切断网络连接。目前，大部分入侵检测系统是基于网络的。其工作机制如图 2-9 所示。

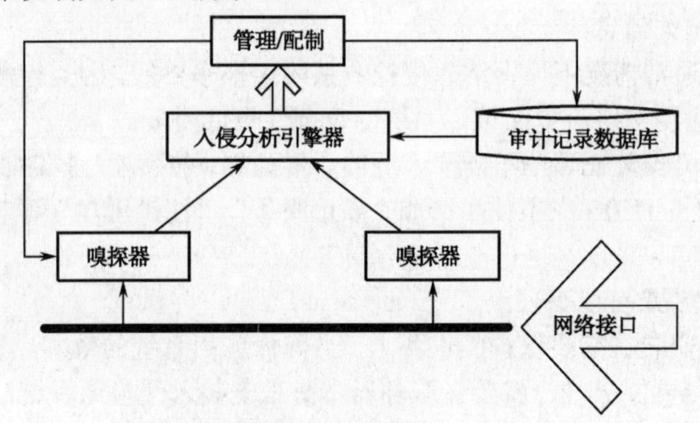

图 2-9　网络机型入侵检测系统工作机制

NIDS 通过网络监视来实现数据提取，可以获得所有的网络信息数据，只要时间允许，可以在庞大的数据堆中提取和分析需要的数据，与基于主机的入侵检测系统相比较而言，NIDS 对入侵者是透明的，对于主机资源消耗少，并可以提供对网络通用的保护而无需顾及异构主机的不同架构，其优点主要包括如下几方面。

（1）实时分析网络数据，检测网络系统的非法行为。

（2）可以对一个子网进行检测，一个监视模块可以监视同一网段的多台主机的网络行为；NIDS 不需要改变服务器等主机的配置。

（3）单独架设，不占用其他计算机系统的任何资源，不改变系统和网络的工作模式，也不影响主机性能和网络性能。

（4）隐秘性好，作为一个独立的网络设备，并处于被动接收方式，很难被入侵者发现。

（5）可以从低层开始分析，对基于协议攻击的入侵手段有较强的分析能力。

（6）通过与防火墙的联动，不但可以对攻击预警，还可以更有效地阻止非法入侵和破坏。

（7）它既可以用于实时监测系统，也是记录审计系统，可以做到实时保护，事后分析取证。

NIDS 同样存在如下一些缺点。

（1）NIDS 只检测它直接连接网段的通信，实际使用中会出现检测范围的局限。

（2）部分 NIDS 为了性能目标通常采用特征检测的方法，它可以检测出一些常见攻击，而较难实现一些复杂的需要大量计算与分析时间的攻击检测。

（3）不能结合操作系统特征来对网络行为进行准确的判断。

（4）NIDS 监视数据量过于庞大，可能会将大量的数据传回分析系统中。

（5）NIDS 处理加密的会话过程较困难，目前通过加密通道的攻击尚不多，但随着 IPv6 的普及，这个问题会越来越突出。

3）分布式入侵检测系统

在 20 世纪 90 年代，出现了把基于网络和主机的入侵检测系统结合起来的尝试。最早实现这种集成能力的原型系统是分布式入侵检测系统 DIDS（见 1.3 节），它将 NSM 组件和 Haystack 组件集成到一起，并采用中央控制台来解决关联处理和用户接口问题。此后，若干研究系统沿着分布式架构的道路继续前行。最著名的明确体现分布式架构的早期系统为 SRI 的 EMERALD 系统。之后，UC Davis 设计了 GrIDS（Graph-based IDS）系统，这也是处理可扩展性问题的一次有益尝试。GrIDS 也是基于层次化的处理结构，各级网络和主机的活动都以一种设计的图表形格式加以描述，然后采用基于规则的图表处理引擎加以合并处理。后来的 Purdue 大学设计并原型实现的 AAFID 系统体现了基于自治代理的分布式架构思想。基于网络和主机的入侵检测系统都有各自的优势，两者互相补充。这两种方式都能发现对方无法检测到的一些入侵行为，联合使用基于主机和网络这两种方式能够达到更好的检测效果。而分布式入侵检测系统正是网络型和主机型入侵检测系统的结合，它把基于主机和网络这两种检测技术很好地集成起来，提供集成化的攻击签名、检测、报告和事件关联功能。这种混合的解决方案为 NIDS 和 HIDS 提供了互补，并提供了入侵检测的集中管理；它不仅功能更加强大，而且部署和使用上也更加灵活方便，也更符合网络技术发展的趋势和要求。采用这种技术能实现对入侵行为的全方位检测，避免入侵行为被忽略。但目前研究还不很充分，离成功应用还有一定的距离。

2. 按照检测技术分类

按照入侵检测系统的检测技术分类，入侵检测系统可以分为基于特征（Signature-Based Detection）的入侵检测系统和基于异常行为（Anomaly-Based Detection）的入侵检测系统。其中前者通常又称为误用检测（Misuse Detection）。

基于特征的入侵检测系统，是建立在使用某种模式或特征描述方法能够对任何已知攻击进行表达的理论基础之上，即假设任何一种入侵行为都能由于其偏离正常或者所期望的系统和用户活动规律而被检测出来。其原理与专家系统相仿，检测方法与计算机病毒的检测方式类似。首先建立一个对过去各种入侵方法和系统缺陷知识的数据库，当收集到的信息与库中的原型相符合时就报警。任何不符合特定条件的活动将会被认为合法，因此这样的系统误报率很低。

该技术目前基于对包特征描述的模式匹配应用较为广泛（结构模型如图 2-10 所示）。

特征检测是基于知识的，仅能检测出已有的入侵方式是其不足。其难点在于如何准确定义入侵模式、难以发现未知攻击、入侵规则库需要不断更新。目前已经有很多技术应用在该类型的产品上：专家系统（Expert System）、模式匹配（Signature Matching）、状态转移分析（State-Transition Analysis）、基于 Petri 网分析的误用入侵检测方法、基于神经网络的误用入侵检测等。基于特征的入侵检测系统的优点就是准确率高。

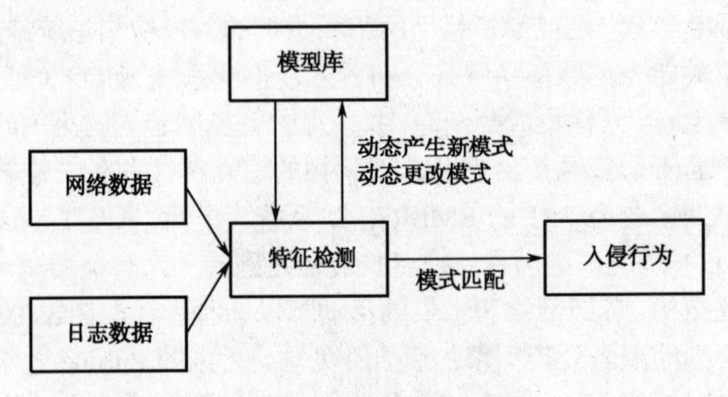

图 2-10　特征检测结构模型

基于异常检测的入侵检测系统：异常检测方法是规范用户正常的行为模式，建立正常活动的"活动档案"，当用户的活动违反其统计规律，偏离正常模式时，就认为可能是发生了入侵攻击行为。例如，检查 CPU 利用率、内存利用率、网络上用户登录失败数是否增加等。其结构模型如图 2-11 所示。

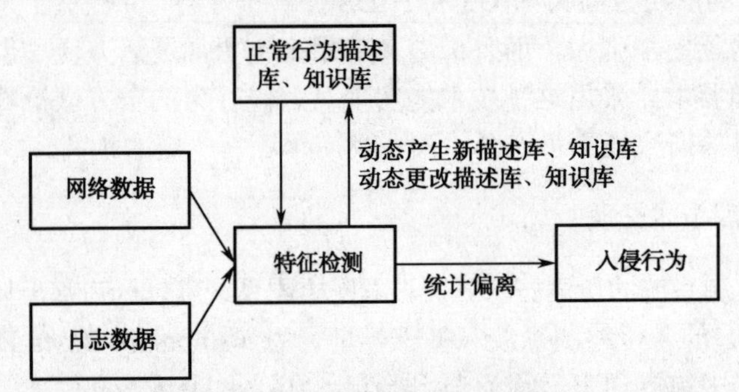

图 2-11　异常检测结构模型

异常检测是基于行为的，其难点在于如何建立一个较好的统计模型以及如何设计一个较优的统计算法。在异常入侵检测系统中，最广泛使用的较为成熟的技术是统计分析，IDES 系统实现了最早的基于主机的统计模型。此外还有许多其他基于计算机免疫学、贝叶斯网络、模式预测、数据挖掘、概率统计、神经网络等理论的异常检测技术。基于异常检测的产品通用性较强，它甚至可能检测出以前从未出现过的攻击方法，不像基于特征检测的产品那样受限制。但因为不可能对整个系统内的所有用户行为进行全面描述，况且每个用户的行为是经常改变的，所以它的主要缺陷是误报率很高。

3. 按照同步技术分类

同步技术是指被监控的事件以及对这些事件的分析在同一时间进行。按照同步技术分类，入侵检测系统可分为间隔批任务处理型和实时连续性入侵检测系统。

在间隔批任务处理型入侵检测系统中，信息源是以文件的形式传给分析器，一次只处理特定时间段内产生的信息，并在入侵发生时将结果反馈给用户。很多早期的基于主机的入侵检测系统都采用这种方案；在实时连续型入侵检测系统中，事件一发生，信息源就传给分析引擎，并且立刻得到处理和反映。实时入侵检测系统是 NIDS 首选的方案。

4. 按照响应方式分类

按照响应方式分类，入侵检测系统可划分为主动响应和被动响应入侵检测系统。

当特定的入侵被检测到时，主动入侵检测系统会采用以下三种响应：收集辅助信息；改变环境以堵住导致入侵发生的漏洞；对攻击者采取行动。被动响应入侵检测系统则是将信息提供给系统用户，依靠管理员在这一信息的基础上采取进一步的行动。

2.3 入侵检测系统技术详解

从 20 世纪 90 年代初期开始，入侵检测技术已经在全球范围内广泛用于保护公司、组织的信息网络。虽然在几十年的发展过程中，入侵检测系统的结构随着信息系统的结构变化而不断变化，但入侵检测的方式却基本沿用至今，绝大多数入侵检测系统的核心基础技术并没有明显的突破，基本还停留在数据包捕获加以非智能模式匹配和特征搜索技术来探测攻击。更多的是将一些技术应用于检测入侵中，如数据挖掘、混沌系统、移动代理技术、智能化代理技术、人工免疫系统、数据融合等。下面将对目前入侵检测系统中采用的主流技术及相关内容做详细的阐述。

2.3.1 模式匹配

模式匹配技术是入侵检测领域的大师 Kumar 在 1995 年提出来的，目前已经成为入侵检测技术领域中应用最为广泛的检测手段和机制之一。模式匹配技术也称为攻击特征检测技术，就是将收集到的信息与已知的入侵模式数据库进行比较，从而发现违背安全策略的行为。其特点为：事件来源独立，描述和匹配相分离，动态模式生成，多事件流同时匹配。它利用已知的漏洞来建立攻击特征库，检测时将抓获的网络报文与特征库中每一条特征进行逐字节匹配，匹配成功就认为发现攻击。假定所有入侵行为和手段（及其变种）都能够表达为一种模式或特征，那么已知的入侵方法都可以用匹配的方法来发现，模式发现的关键是如何表达入侵的模式，把真正的入侵与正常行为区分开来。

模式匹配当前的几种高效的多模式匹配算法有：计数过滤、SA 算法、Hash 算法等。在众多的模式匹配算法中，以 Boyer-More 算法（简称蹦算法）最为知名。一般的字符串匹配算法是从左向右进行字符的比较，Boyer-Moore 算法则是从右向左进行字符的比较。一般的字符串匹配算法，当查找匹配失败时，则将目标串 T 向后移动一个字符从头再重复比较，而 Boyer-Moore 算法则可以根据匹配失败之前获得的信息移动多个字符。正因如此，oyer-Moore 算法在比较字符的次数上比一般的算法少许多，而在入侵检测系统的检测引擎中得到了广泛应用。Snort 的模式匹配算法就是采用了 Boyer-Moore 算法。

模式匹配技术有它自己的好处，如只需收集相关的数据集合，显著减少系统负担，同时模式匹配技术经过多年发展已经相当成熟，使得检测准确率和效率都很高，这也是模式匹配技术至今仍然存在并被使用的理由。然而，单纯的模式匹配技术具有以下最根本的缺陷。

（1）计算的负载。如果对整个网络流量进行匹配，计算量非常大，系统有严重的性能问题。

（2）探测准确性。只能使用固定的特征模式来探测攻击，只能探测出明确的、唯一的攻击特征，对做过变形的攻击无法检测，即便是基于最轻微变换的攻击串都会被忽略，因此容易被逃避检测。

（3）特征库庞大，对攻击信号的真实含义和实际效果没有理解能力，因此，所有的变形都将成为攻击特征库里一个不同的特征，这就是模式匹配系统有一个庞大的特征库的原因所在。

因此，模式匹配的这种检测机制决定了它对已知攻击的报警比较准确，局限是它只能发现已知的攻击，对未知的攻击无能为力，而且误报率比较高。最为不足的是对任何企图绕开入侵检测的网络攻击欺骗都无能为力，由此会产生大量的虚假报警，以至于淹没了真正的攻击检测。

2.3.2 协议分析

协议分析是在传统模式匹配技术基础之上发展起来的一种入侵检测技术。它主要是针对网络攻击行为中攻击者企图躲避入侵检测系统的检测，对攻击数据包做一些变形；它充分利用了网络协议的高度有序性，并结合了高速数据包捕捉、协议分析和命令解析，来快速检测某个攻击特征是否存在。基于协议分析的入侵检测系统中，数据包将被层层解码和分析，如果发现不符合标准的数据包，入侵检测系统会给这样的数据包做一个标记，当这些数据到达主机后，主机将在这些包到达应用程序之前丢弃它们。

协议分析最大的特点是将捕获的数据包从网络层一直送达应用层，将真实数据还原出来，然后将还原出来的数据再与规则库进行匹配，因此它能够通过对数据包进行结构化协议分析来识别入侵企图和行为。

协议分析大大减少了计算量，即使在高负载的高速网络上，也能逐个分析所有的数据包。采用协议分析技术的入侵检测系统能够理解不同协议的原理，由此分析这些协议的流量，来寻找可疑的或不正常的行为。对每一种协议，分析不仅仅基于协议标准，还基于协议的具体实现，因为很多协议的实现偏离了协议标准。协议分析技术观察并验证所有的流量，当流量不是期望值时，入侵检测系统就发出告警。协议分析具有寻找任何偏离标准或期望值的行为的能力，因此能够检测到已知和未知的攻击方法。

协议分析技术具备检测快、准确、资源消耗极少等特点，是目前入侵检测系统产品探测攻击手法的主要技术，它利用网络协议的高度规则性快速探测攻击的存在。该技术的优势在于以下几方面

（1）解析命令字符串。URL 第一个字节的位置给予解析器。解析器是一个命令解析程序，目前的入侵检测系统网络入侵检测引擎包含超过七十个不同的命令解析器，可以在不同的上层应用协议上，对每一个用户命令做出详细分析。

（2）探测碎片攻击和协议确认。在基于协议分析的入侵检测系统中，各种协议都被解析，如果出现 IP 碎片设置，数据包将首先被重装，然后再对整个数据包进行详细分析来检测隐藏在碎片中的潜在攻击行为。由于协议被完整解析，这还可以用于确认协议的完整性。

（3）提高性能。当系统提升协议栈来解析每一层时，协议分析利用已获得的知识来消除在数据包结构中不可能出现的攻击。例如 4 层协议是 TCP，那就不用再搜索其他第四层协议如 UDP 上形成的攻击。如果数据包最高层是简单网络管理协议 SNMP（SimpleNetwork Management Protocol），那就不用再寻找 Telnet 或 HTTP 攻击。这样监测的范围明显缩小，而且更有针对性，与模式匹配采用穷举分析方法相比，在处理数据方面更加迅速有效，从而使得入侵检测系统产品的性能得到明显改善。

（4）降低误报率和漏报率。协议解析能减少传统模式匹配入侵检测系统系统中常见的误报和漏报现象。因为 NIDS 知道和每个协议有关的潜在攻击的确切位置以及该位置每个字节的真正含义，使用命令解析器可以确保一个特征串的实际意义被真正理解，辨认出串是不是攻击或可疑的。例如，针对基于协议分析的入侵检测系统不但能识别简单的路径欺骗，把 CGI 攻击“cgi-bin/phf”变为“cgi-bin/./phf”或“cgi-bin\phf”，而且能识别复杂的 HEX 编码欺骗；又如“/winnt/system32/cmd.exe”，编码后变为“/winnt/system32/%2563md.exe”，通过协议分析%25 解码后为’%’，%63 解码后为’c’，这样就解析出了攻击串。

然而，协议分析也有一些缺点，如协议分析虽然不再把数据包看做无序的位流，但其在各个域进行解析后，只能对网络层、传输层的一些网络行为进行统计，对较为复杂的应用层网络行为缺乏分析能力。另外，虽然可以在应用层对某些域进行规范和重整，但对处理过的域内容依然采用与特征库进行匹配的方法去进行检测，使

得检测效率的提高受到了限制。

2.3.3 碎片重组

链路层具有最大传输单元 MTU 这个特性，它限制了数据帧的最大长度，不同的网络类型都有一个上限值。IP 协议在传输数据包时，如果传输的 IP 报文大小超过最大传输单元 MTU（Maximum Transmission Unit），令将数据报文分为若干分片进行传输，并在目标系统中进行重组，这一过程称为分片。

举例来说，假设要传输一个 UDP 数据包，在以太网环境中，可传输最大 IP 报文大小（MTU）是 1500 字节。一般 IP 首部为 20 字节，UDP 首部为 8 字节，数据的净荷（payload）部分预留是 1500-20-8=1472 字节。如果数据部分大于 1472 字节，就会出现分片现象。也就是说，如果 IP 层有数据包要传，而且数据包的长度超过了 MTU，那么 IP 层就要对数据包进行分片（fragmentation）操作，使每一片的长度都小于或等于 MTU。

由于网络环境中的 MTU 的限制导致一些 IP 报文在传输时需要进行分片传输，当发生 IP 分片时，IP 有效负载被分片，并且每一个分片都带有自己的 IP 报头。当每个分片数据包到达目的主机后，目的主机将这些分片数据包进行分组，然后将完整的 IP 数据报提交到上层协议。

IP 报文分片是一个正常的过程，但如果入侵者精心构造一系列分片 IP 数据包，或者利用分片过程中的漏洞，就可以对目标主机进行各种网络攻击或者逃避入侵检测系统的检测，通常称为 IP 碎片攻击。例如，对于具有安全漏洞的主机，在处理诸如当前分片的偏移量与先前的分片偏移量重叠等异常情况时，就会出现死机或重启现象；入侵者也可以利用诸如 fragroute 工具将含有入侵特征的数据分散到几个 IP 分片数据包中，而每个单独的分片都不会匹配特征，这样入侵检测系统就无法通过模式匹配技术检测出入侵行为。一些攻击者还直接利用入侵检测系统协议栈实现的漏洞，利用错误的分片分组头部信息直接对入侵检测系统发动攻击。攻击者可以打乱 IP 分片的到达顺序，达到分片入侵检测系统的目的。同时，入侵检测系统必须把 IP 分片保存到一个缓冲区里，等待一个数据包所有的碎片到达后才能重组 IP 分组，如果攻击者不发送出所有的 IP 分片，就可能使那些缓存所有 IP 碎片的入侵检测系统消耗掉所有内存，导致系统出现问题。

另外，碎片穿透技术的兴起对于 NIDS 来说也是一场噩梦，因为网络上数据是按照 IP 数据包传递的，通常每个数据包会携带 1K 或几 K 的数据，攻击特征代码可能存在于一个或几个数据包里，但是通过碎片技术，可以方便地将应用数据包切碎成非常零散的 IP 小包，这样一些攻击特征就会散布在大量的小数据包里，直到目的地址进行重组，然后还原成正常的数据包，执行攻击或入侵。

为了对付这种手段，IP 碎片重组技术应运而生。1982 年，David D．Clark 提出了一种 IP 碎片重组算法（RFC815）。它需要一个大小与未分片前的数据包相同的存储区，不论这些分片以什么顺序到达，都能将其重组成完整的数据报。算法的主要思想是为某数据包中最早达到的分片分配一个较大的存储区，以便存储所有的数据分片，存储区中未被分片填充的区域称为“洞”，以该洞的第一个字节的序号和最后一个字节的序号作为洞的描述符，再建立一个相应的描述符链表管理这些洞。当一个新的分片到达时，新到的分片由片头和片尾来描述，通过将片头和片尾与洞头和洞尾互相比较来确定该分片填充哪个洞，或是创建一个新洞。碎片重组的评测标准有三个性能参数：能重组的最大分片数，能同时重组的包数，能进行重组的最大数据包的长度。

基于上述思想，IP 分片重组的具体原理可描述如下。

收到 IP 数据包，首先通过 MF 标志和分片偏移量来判断是否是一个分片数据包。如果 MF 标志或者分片偏移量字段的值不是 0，则该数据包是分片数据包；如果 MF 标志和分片偏移量字段的值都是 0，则该数据包不是分片数据包。如果是一个分片数据包，则根据该分片数据包的源 IP 地址和目的 IP 地址以及标识符字段来确定它原来所属的 IP 数据包。然后根据分片偏移量将分片的有效负载复制到缓冲区中相应位置。位置可以这样确定：当 MF 字段为 l，分片偏移量字段为 0 时，该分片就是数据包第一个分片，将该分片的有效负载复制到缓冲区的起始位置，如果 MF 字段为 0，分片偏移量不为 0，则该分片就是最后一个分片，将该分片的有效负载复制到缓冲区的最后位置：如果两种情况都不是，则该分片是中间的分片，可以将分片偏移量的值乘以 8 得到该分片在缓冲区中的位置，根据该位置将该分片的有效负载复制到缓冲区。等所有的分片都复制到缓冲区中，与分片块对应的分片位表也都设置好了，原始数据报的重组工作就完成了。

碎片攻击是目前的网络攻击手段中最容易实施、最常用的攻击方法。所以，入侵检测系统对于这些报文进行进一步分析之前需要进行重组，将所有的分片重组构造成一个包含完整信息的IP数据包，再将这个包传送到上层分析引擎或者检测引擎。因为分析单个的数据包会错过很多含有攻击的信息，碎片重组可以提高检测的精确度。对于入侵检测系统来说，IP 分片重组是进行检测工作最为基本的，并且至关重要的内容。

碎片重组过程有两个主要问题：第一，在重组时不知道整个数据包的原始大小；第二，数据包在重组过程中，可能会遇到重叠覆盖、边界溢出、乱序到达等问题。碎片重组算法会消耗大量的内存，碎片会被复制以保证可以将他们经过重组之后成为一个完整的数据包。

碎片重组技术本身并不复杂，就是在检测端通过程序将碎片数据包根据包文头的标记进行重组而已，然后再用重组后的数据包进行特征匹配，但是这带来了另一个巨大的困扰，就是碎片重组不可避免地造成效率损耗，是入侵检测系统迈向高速网络的巨大瓶颈。现在，基本上主流网络型入侵检测系统都支持碎片重组，但是通常碎片重组状态下的包分析能力仅仅是非重组状态下的几分之一，可见IP分片重组的效率也是直接影响到系统开销及整体性能的一个非常重要的因素。为了最大限度地提高IP分片重组效率，入侵检测系统可采用多线程分散式IP分片重组机制，从而大大提高因IP分片重组造成的性能瓶颈。

2.3.4 异常检测

异常检测是根据用户行为或资源使用的正常模式来判定当前活动是否偏离了正常或期望的活动规律，如果发现用户或系统状态偏离了正常行为模式（Normal Behavior Profile），就表示有攻击或企图攻击行为发生，系统将产生入侵警戒信号。

异常检测模型的核心思想是检测可接受行为之间的偏差。如果可以定义每项可接受的行为，那么每项不可接受的行为就应该是入侵。首先需总结正常行为应该具有的特征（用户轮廓），包括各种行为参数及其阈值的集合；当用户活动与正常行为有重大偏离时即被认为入侵。这种检测模型漏报率低，误报率高。因为不需要对每种入侵行为进行定义，所以能有效检测未知的入侵。异常检测模型如图2-12所示。

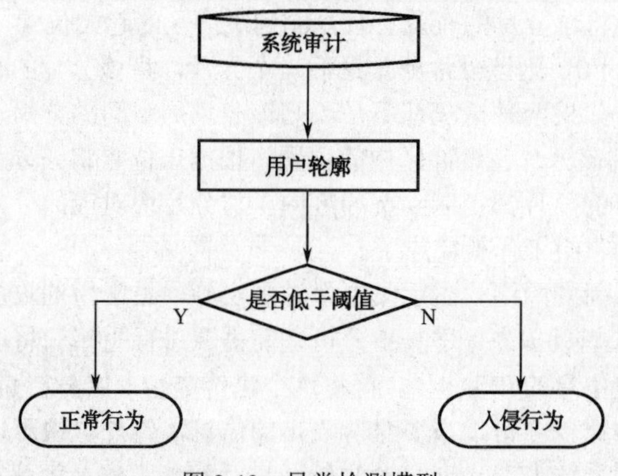

图2-12 异常检测模型

异常检测分为静态异常检测和动态异常检测两种。静态异常检测在检测前保留一份系统静态部分的特征表示或者备份；在检测中，若发现系统的静态部分与以前保存的特征或备份之间出现了偏差，则表明系统受到了攻击或出现了故障；动态异常检测所针对的是行为，在检测前需要建立活动简档文件描述系统和用户的正常行为，在检测中，若发现当前行为和活动简档文件中的正常行为之间出现了超出预定标准的差别，则表明系统受到了入侵。

目前使用的异常检测方法有很多种，其中有代表性的主要有以下几种。

1. 基于特征选择的异常检测方法

基于特征选择的异常检测方法，是从一组特征值中选择能够检测出入侵行为的特征值，构成相应的入侵特征库，用于预测入侵行为。其关键之处是能否针对具体的入侵类型选择到合适的特征值，因此理想的入侵检测特征库需要能够进行动态的判断。在基于特征选择的异常检测方法中，Maccabe 提出的使用遗传算法对特征集合进行搜索以生成合适的入侵特征库的方法是一种比较有代表性的方法。

2. 基于机器学习的异常检测方法

基于机器学习的异常检测方法，是通过机器学习实现入侵检测，主要方法有监督学习、归纳学习、类比学习等。在基于机器学习的异常检测方法中，Carla 和 Brodley 提出的实例学习方法 IBL 比较具有代表性。该方法基于相似度，通过新的序列相似度计算，将原始数据转化为可度量的空间，然后应用学习技术和相应的分类方法，发现异常类型事件，从而检测入侵行为。其中，阈值由成员分类概率决定。

3. 基于模式归纳的异常检测方法

基于模式归纳的异常检测方法，是假定事件的发生服从某种可辨别的模式而不是随机发生。在基于模式归纳的异常检测方法中，Teng 和 Chen 提出的利用时间规则识别用户正常行为模式特征的基于时间的推理方法比较具有代表性。该方法通过归纳学习产生规则集，并对系统中的规则进行动态的修改，以提高其预测的准确性与可信度。

4. 基于数据挖掘的异常检测方法

基于数据挖掘的异常检测方法，是在对计算机网络产生的大量文件进行分析的基础上产生的，随着计算机网络的快速发展，其产生的文件数量也越来越多，单纯依靠人工方法对其进行分析以发现异常已经变得非常困难，因此数据挖掘技术被引入入侵检测领域。目前基于数据挖掘的异常检测方法中，具有代表性的是 KDD 算法，其优点是适合处理大量数据，缺点是运算量偏大，对数据的实时性分析支持不够。

5. 基于神经网络的异常检测方法

基于神经网络的异常检测方法，是利用神经网络的分类和识别功能对数据进行分析，特别适用于一些环境信息十分复杂、背景知识不详、样本有较大缺陷和不足的情况。基于神经网络的异常检测方法，首先要获取研究主体，如主机、用户等的行为模式特征知识，利用神经网络的识别、分类和归纳能力，实现入侵检测系统适用用户行为的动态变化特征。神经网络的缺点在于计算量较大，这将影响检测的实时性要求。

异常检测技术假定所有入侵行为都是与正常行为不同的，如果建立系统正常行为的轨迹，那么理论上可以把所有与正常轨迹不同的系统状态视为可疑企图。因此，异常检测的核心问题是正常使用模式的建立以及如何利用该模式对当前的系统或用户行为进行比较，以便判断出与正常模式的偏离程度。任何不符合历史活动规律的行为都被认为入侵行为，所以能够发现未知的攻击模式。

对于异常阈值与特征的选择是异常检测技术的关键。例如，通过流量统计分析将异常时间的异常网络流量视为可疑。异常检测技术的局限是并非所有的入侵都表现为异常，而且系统的轨迹难于计算和更新。此外，要使用异常检测还面临着以下几个问题。

（1）用户的行为有一定规律性，但选择哪些数据来表现这些规律的行为仍然存在一些问题。

（2）规律的学习过程时间到底为多少、用户行为的时效性等问题。

（3）异常检测系统的效率取决于合法用户行为定义的完备性和监控的频率大小。

（4）如何有效表示这些正常行为、使用什么方法反映正常行为、如何能学习到用户的新正常行为等方面存在问题。

（5）误报率较高。因为正常模式库是通过统计大量历史活动建立的，不可能绝对精确地覆盖用户和系统的所有正常使用模式。当正常使用模式发生变化时，异常检测系统就会将正常使用模式错误地判断成入侵行为，产生错误的报警信号。

6. 基于统计模型的异常检测方法

统计模型常用于对异常行为的检测，在统计模型中常用的测量参数包括审计事件的数量、间隔时间、资源消耗情况等。目前提出的可用于入侵检测的统计模型有如下 5 种。

（1）操作模型：该模型假设异常可通过将测量结果与一些固定指标相比较得到，固定指标可以根据经验值或一段时间内的统计平均得到。举例来说，在短时间内的多次失败的登录很可能是口令尝试攻击。

（2）方差：计算参数的方差，设定其置信区间，当测量值超过置信区间的范围时表明有可能是异常。

（3）多元模型：操作模型的扩展，通过同时分析多个参数实现检测。

（4）马尔柯夫过程模型：将每种类型的事件定义为系统状态，用状态转移矩阵来表示状态的变化，若对应于发生事件的状态矩阵中转移概率较小，则该事件可能是异常事件。

（5）时间序列分析：将事件计数与资源耗用根据时间排成序列，如果一个新事件在该时间发生的概率较低，则该事件可能是入侵。

入侵检测的统计分析首先计算用户会话过程的统计参数，再进行与阈值比较处理与加权处理，最终通过计算其“可疑”概率，分析其为入侵事件的可能性。统计方法的最大优点是它可以“学习”用户的使用习惯，从而具有较高检出率与可用性。但是它的“学习”能力也给入侵者以机会通过逐步“训练”使入侵事件符合正常操作的统计规律，从而透过入侵检测系统。

2.3.5 误用检测

误用检测技术又称为基于知识的检测或特征检测，是指通过将收集到的数据与预先确定的特征知识库里的各种攻击模式进行比较，如果发现攻击特征，则判断有攻击。误用检测技术通常使用一个行为序列即“入侵场景””来确切地描述一个已知的入侵方式，若系统检测到该行为序列完成，则意味着一次入侵发生。早期的误用检测系统使用规则来描述所要检测的入侵，但由于规则组织上存在缺陷，所以造成规则数量过大，并且难以解释和修改。为了克服这一缺点，后来的入侵检测系统使用了基于模型和基于状态转化的规则组织方法。

误用检测模型的核心思想是检测与已知的不可接受行为之间的匹配程度。如果可以定义所有的可接受行为，那么每种能与之匹配的行为都会引起告警。手机非正常操作的行为特征，建立相关的特征库，当监测的用户或系统行为与库中的记录项匹配时，系统就认为该行为是入侵。该检测模型误报率低、漏报率高。对于已知的攻击，它可以详细、准确地报告出攻击类型，但是对未知攻击的效果有限，且特征库必须不断更新。误用检测模型如图 2-13 所示。

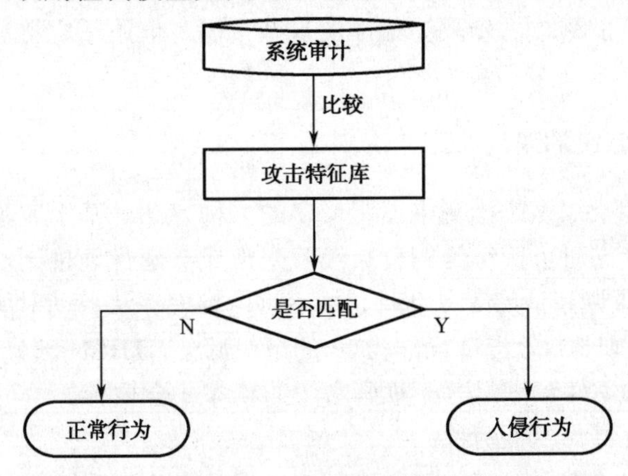

图 2-13 误用检测模型

目前使用的误用检测方法有很多种，其中有代表性的主要有以下几种。

1. 基于条件概率的误用检测方法

基于条件概率的误用检测方法，是基于概率论的一种通用方法，其将入侵方式对应一个事件序列，然后通过观测事件发生序列，应用贝叶斯定理进行推理，来推测入侵行为的出现。

基于条件概率的误用检测方法是在概率理论基础上的一个普遍方法，是对贝叶斯方法的改进，其缺点是先验概率难以给出，而且事件的独立性难以满足。

2. 基于状态转换分析的误用检测方法

基于状态转换分析的误用检测方法以状态图表示攻击特征应用于入侵行为分析，最早由 R.Kemmerer 提出，后来 G.Vigna 等人重新设计了基于状念转移的入侵检测的工具框架，包括三部分：状态转移分析技术（State Transition Analysis Technique，STAT）、状态转移语言（STAT language，STATL）、状态转移中，心（STAT Core，STATC）。

初始状态对应于入侵开始前的系统状态，被入侵状态对应于已成功入侵时刻的系统状态。状态转换分析时，将入侵过程看做一个行为序列，首先针对每一种入侵方法确定系统的初始状态和被入侵状态，以及导致状态转换的转换条件，即导致系统进入被入侵状态必须执行的操作（特征时间）。初始状态与被入侵状态之间的转换可能有一个或多个中间状态。攻击者执行一系列操作，使状态发生转换，可能导致系统从初始状态转到被入侵状态。通过检查系统的状态就能够发现系统中的入侵行为。

采用状态转换法允许使用最优模式匹配进行结构化误用检测，速度快、灵活性高。但是，状态转换是针对事件序列分析，所以早期主要检测可以表示为序列化的攻击，目前也可以检测攻击步骤为偏序的复杂攻击，但不适宜检测与系统状态无关的入侵。

3. 基于专家系统的误用检测方法

专家系统是基于知识的检测中运用最多的一种方法。基于专家系统的误用检测方法是根据安全专家对可疑行为的分析经验来形成一套推理规则，通过将入侵知识表示成 IF-THEN 规则形成专家知识库，然后运用推理算法自动对所涉及的入侵行为进行分析。编码规则为：入侵特征作为 IF 的组成部分，THEN 部分是系统防范措施；当规则左边的全部条件都满足时，规则右边的动作才会执行。

其推理方式主要有以下两种：

（1）根据给定的数据，应用符号推理出入侵的发生情况。需要解决的主要问题是处理序列数据和知识库的维护。

（2）根据其他入侵证据，进行不确定性推理。这种推理的局限性就是推理证据的不精确和专家知识的不精确。

专家系统的建立依赖于知识库的完备性，知识库的完备性又取决于审计记录的完备性与实时性。随着经验的积累，可以利用专家系统的自学习能力进行规则的扩充和修正。该方法适用于对具有特征入侵行为的检测。入侵特征抽取和表达是入侵检测专家系统的关键，运用专家系统防范有特征入侵行为的有效性取决于专家系统知识库的完备性。早期的误用检测都采用专家系统，如 IDES、DIDS 等。

在具体实现中，专家系统需要从各种入侵手段中抽象出全面的规则化知识，需要处理大量数据，在大型系统中尤为明显。因此，大多运用与专家系统类似的特征分析法。特征分析不是将攻击方法的语义描述转化为检测规则，而是在审计记录中能直接找到的信息形式，从而提高检测效率。该方法同样需要经常为新发现的系统漏洞更新知识库，而且需要适应对不同操作系统平台的具体攻击方法和审计方式。

由于专家系统的不可移植性与规则的不完备性，现已不宜单独用于入侵检测，或单独形成商品软件。比较适用的方法是将专家系统与采用软计算方法技术的入侵检测系统结合在一起，构成一个以已知的入侵规则为基础，可扩展的动态入侵事件检测系统，自适应地进行特征与异常检测，实现高效的入侵检测及其防御。

4. 基于规则的误用检测方法

基于规则的误用检测方法，是指将攻击行为或入侵模式表示成一种规则，只要符合规则就认定它是一种入侵行为。基于规则的误用检测按规则组成方式可分为前推理规则和向后推理规则两类。

（1）前推理规则：根据收集到的数据，规则按预定结果进行推理，直到推出结果时为止。这种方法的优点是能够比较准确地检测入侵行为，误报率低；其缺点是无法检测未知的入侵行为。目前，大部分入侵检测系统都采用这种方法。

（2）向后推理规则：由结果推测可能发生的原因，然后再根据收集到的信息判断真正发生的原因。因此，这种方法的优点是可以检测未知的入侵行为，但缺点是误报率高。

误用检测根据已知攻击特征和系统漏洞来实现入侵检测，所以大多数商业产品采用了技术上较成熟的基于特征模式匹配的误用检测。

2.3.6 入侵诱骗

入侵诱骗技术是比传统入侵检测技术更加主动的一种安全技术，主要包括蜜罐（Honeypot）技术和蜜网技术（Honeynet）两种。它是用特有的特征吸引攻击者，同时对攻击者的各种攻击行为进行分析，并找到有效的对付方法。为了吸引攻击者，网络管理员通常还在蜜罐上故意留下一些安全后门，或者放置一些攻击者希望得到的敏感信息，当然这些信息都是虚假的。当入侵者正为攻入目标系统而沾沾自喜时，殊不知自己在目标系统中的所作所为，包括输入的字符、执行的操作等都已经被蜜罐所记录。

蜜罐是一个资源，它的价值在于它会受到探测、攻击或攻陷。蜜罐并不修正任何问题，它们仅提供额外的、有价值的信息。所以说蜜罐只是一种工具，并非一种安全的解决方案。蜜罐可以对其他系统和应用进行仿真，创建一个监禁环境将攻击者困在其中。为了方便攻击，最好是将蜜罐设置成域名服务器 Web 或电子邮件转发服务等流行应用中的一种。

蜜网是一种特殊的蜜罐，蜜罐物理上通常是一台运行单个操作系统或者借助于虚拟化软件运行多个虚拟操作系统的“牢笼”主机。单机蜜罐系统最大的缺陷在于数据流将直接进入网络，管理者难以控制蜜罐主机外出流量，入侵者容易利用蜜灌主机作为跳板来攻击其他机器。解决这个问题的方法是把蜜罐主机放置在防火墙的后面，所有进出网络的数据都会通过这里，并可以控制和捕获这些数据，这种网络诱骗环境称为蜜网。这些被捕获的数据用于研究分析入侵者们使用的工具、方法及动机。蜜网作为蜜罐技术中的高级工具，一般是由防火墙、路由器、入侵检测系统以及一台或多台蜜罐主机组成的网络系统，也可以使用虚拟化软件来构建虚拟蜜网。相对于单机蜜罐，蜜网实现、管理起来更加复杂，但是这种多样化的系统能够更多地揭示入侵者的攻击特性，极大地提高蜜罐系统的检测、分析、响应和恢复受侵害系统的能力。

蜜网中防火墙的作用是限制和记录网络数据流，入侵检测系统则用于观察潜在的攻击和译码，并在系统中存储网络数据流。蜜网中装有多个操作系统和应用程序供黑客探测和攻击。特定的攻击者会瞄准特定的系统或漏洞，通过部署不同的操作系统和应用程序，可更准确地了解黑客的攻击趋势和特征。另外，所有放置在蜜网中的系统都是真实的系统，没有模拟的环境或故意设置的漏洞。利用防火墙或路由器的功能，能在网络中建立相应的重定向机制，将入侵者或可疑的连接主动引入蜜网，可以提高蜜网的运行效率。

蜜网在确保不被入侵者发现诱骗的前提下，可以尽可能多地捕获攻击行为信息，包括黑客所有的按键记录、CPU 的使用率或者进程列表、使用过的各种协议数据包内容等，同时要注意充分保证捕获信息的完整和安全。入侵检测系统在数据链路层对蜜网中的网络数据流进行监控，分析和抓取以便将来能够重现攻击行为，同时在发现可疑举动时报警。

2.3.7 数据挖掘

数据挖掘也被称为数据库知识发现技术（KDD，KJlowledge Discovery 行 om Database），是一个较新的研究领域，就是从数据中发现肉眼难以发现的固定模式或异常现象。数据挖掘遵循基本的归纳过程将数据进行整理分析，并从海量数据中自动抽取和发现有用模式或知识。

基于数据挖掘的入侵检测系统首先由 Weenke. Lee 提出，主要由数据收集、数据挖掘、模式匹配及决策 4 个模块组成：数据收集模块从数据源（如系统日志、网络数据包等）提取原始数据，将经过预处理后得到的审计数据提交给数据挖掘模块；数据挖掘模块对审计数据进行整理、分析，找到可用于入侵检测的模式与知识，然后提交给模式匹配模块进行入侵分析，做出最终判断，最后由决策模块给出应对措施。整个系统的基本模型如图 2-14 所示。

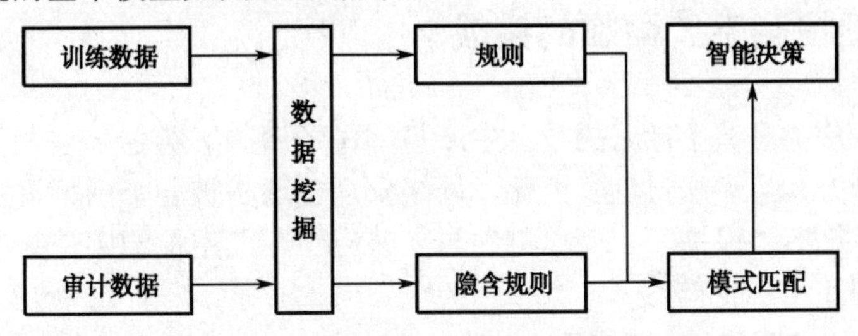

图 2-14　基于数据挖掘的入侵检测模型

采用数据挖掘算法进行数据处理，要求所选取的安全审计数据具备以下特征：

（1）攻击事件相对于正常的网络或系统访问是很少见的；

（2）安全审计数据在正常情况下是非常稳定的；

（3）攻击中实施安全审计数据的某些特征变量明显的偏离正常值。

对于应用到入侵检测中的数据挖掘算法，目前主要集中在关联分析（Mining Association Rules）、序列模式分析（Mining Sequential Pattern）、数据分类（Data Classification）、聚类分析（Clustering Analysis）这几种类型上。

与基于预定义检测模式的入侵检测技术不同，基予数据挖掘的入侵检测技术可以自动地从训练数据中提取出可用于入侵检测的知识和模式，而不需要人工分析和编码入侵行为。

基于数据挖掘的入侵检测系统有以下几点优势：

（1）智能性好，自动化程度高：基于数据挖掘的检测方法采用了统计学、决策学及神经网络的多种方法，自动从数据中提取肉眼难以发现的网络行为模式，从而减少了人的参与，减轻了入侵检测分析员的负担，同时也提高了检测的准确性。

（2）检测效率高：数据挖掘可以自动对数据进行预处理，抽取数据中的有用部分，有效减少数据处理量，因而检测效率较高。对于面对网上庞大数据流量的入侵检测系统，这一点至关重要。

（3）自适应能力强：应用数据挖掘方法的检测系统不是基于预定义的检测模型，所以自适应能力强，可以有效地检测新型攻击及已知攻击的变种。

（4）虚警率低：数据挖掘方法可以有效地剔除重复的攻击数据，因而具有较低的虚警率。

2.4 入侵检测系统技术展望

2.4.1 入侵检测系统面临的挑战

随着信息系统对一个国家的社会生产与国民经济的影响越来越大，再加上网络攻击者的攻击工具与手法日趋复杂化，网络安全已逐步被各个国家重视。网络安全防御角度主要包括“保护”、“检测”与“响应”，入侵检测则是其中“检测”与“响应”环节不可缺少的部分。

目前入侵检测系统主要面临以下挑战。

（1）攻击者不断增加的知识、日趋成熟多样的自动化工具，以及越来越复杂细致的攻击手法，导致不得不增多入侵规则策略，从而使系统的处理负荷线性增加，结果对一些攻击行为不能及时识别并做出响应，漏报问题显著。

（2）入侵检测系统往往假设攻击信息是通过明文传输的，因此对信息稍加改变便可能躲过入侵检测系统的检测。目前不少系统已经通过加密的方法传输控制信息，或通过 VPN 进行网络之间的互联，如果入侵检测系统不能理解上层的应用协议，会出现大量的误报和漏报。

（3）入侵检测系统通常采取被动监听的方式发现网络问题，对已知的攻击类型能有效地检测，对未知的攻击类型检测能力较欠缺。因为对已知攻击类型的检测是利用模式匹配技术把截获的网络数据包与预先定义好的攻击特征库进行比对来检测攻击的，这对未知的攻击就显得无能为力，对那些稍作改动的攻击变种都难以检测到。

（4）针对多样性环境的自适应能力，必须根据不同的网络协议形成不同的分析器才能提高检测的效率和准确率。网络及其设备越来越多样化，既存在关键资源，如邮件服务器、企业数据库，也存在众多相对不是很重要的 PC，不同系统之间的情况也往往不尽相同，一般的入侵检测系统要定制不同策略甚至重新部署以适应多样化的环境要求。

（5）不断增大的网络流量。客户往往要求入侵检测系统尽可能快速报警，因此需要对获得的数据进行实时分析，这导致对所在系统的要求越来越高，商业产品一般都建议采用当前最好的硬件环境。尽管如此，随着网络流量的进一步加大，对入侵检测系统将提出更大的挑战，现阶段具备高速检测能力的入侵检测系统在包捕获能力和检测性能上都不是很理想。

2.4.2　技术发展趋势

近年来，系统和网络的漏洞被不断发现，入侵技术无论是从规模上还是方法上都发生了变化，一些地下组织已经将如何绕过或攻击入侵检测系统作为研究重点。由于网络防范技术的多重化，攻击的难度增加，使得入侵者在实施入侵或攻击时往往同时采取多种入侵手段，以保证入侵的成功概率，并可在攻击实施的初期掩盖攻击或入侵的真实目的。高速网络，尤其是交换技术的发展以及通过加密信道的数据通信，使得通过共享网段侦听的网络数据采集方法显得不足，而大量的通信量对数据分析也提出了新的要求。

入侵技术的发展和演化直接加速了人们对入侵检测系统的研究和推广工作，在完善原有技术的基础上，又在研究新的检测方法。总体来讲，主要集中在大规模分布式应用和智能化上，如数据融合技术、主动的自主代理方法、智能技术及免疫学原理的应用等。近年来，国内、外入侵检测技术有如下几个主要发展方向。

1. 大规模分布式入侵检测

第一层含义即针对分布式网络攻击的检测方法；第二层含义即使用分布式的方法来检测分布式的攻击，其中的关键技术为检测信息的协同处理与入侵攻击的全局信息的提取。传统的入侵检测技术一般局限于单一的主机或网络架构，对异构系统及大规模的网络的监测明显不足。分布式系统是现代入侵检测系统主要发展方向之一，它能够在数据收集、入侵分析和自动响应方面最大限度地发挥系统资源的优势，其设计模型具有很大的灵活性。

2. 智能化处理方法

即使用智能化的方法与手段进行入侵检测。由于网络攻击方法的多样性和复杂性，当前的分析技术和模型在误报率和漏报率方面仍有改进空间。为了克服现有系统的缺陷，入侵方法越来越多样化与综合化，尽管已经有智能体、神经网络与遗传算法在入侵检测领域应用研究，但是这只是一些尝试性的研究工作，需要对智能化的入侵检测系统加以进一步的研究，以解决其自学习与自适应能力。所谓智能化方法，现阶段常用的有神经网络、遗传算法、模糊技术、免疫原理等方法，这些方法常用于入侵特征的辨识与泛化。利用专家系统的思想来构建入侵检测系统也是常用的方法之一。特别是具有自学习能力的专家系统，实现了知识库的不断更新与扩展，使设计的入侵检测系统的防范能力不断增强，应具有更广泛的应用前景。

3. 支持下一代 IPv6 环境

目前 IPv6 作为下一代互联网协议逐步发展起来。随着 IPv6 技术的发展和 IPv6

网络的部署，入侵检测系统不得不面对一个近似全新的研究领域。例如，IPv6 的引入将带来的新的安全隐患和威胁，IPv6 和 IPv4 中的攻击种类和方法以及检测方法的异同等。

IPv6 入侵检测技术，可定义为对攻击者使用 IPv6 网络协议对计算机和网络资源上的恶意使用行为进行识别和响应的处理过程。对于 IPv6 的一些新特性以及由此带来的网络安全方面的问题，目前还没有成熟的研究成果，一旦要大规模部署基于 IPv6 的骨干网络，如何在高速的 IPv6 网络上进行动态的安全性检查和入侵检测将是亟待解决的问题。因此，IPv6 入侵检测技术需支持以下机制：

（1）同时支持 IPv4 和 IPv6 及过渡机制；

（2）能检测出 IPv6 特有的攻击行为；

（3）支持可扩展的 IPv6 源地址定位库和定位机制；

（4）能够支持 IPv6 流量分析机制；

（5）支持 IPv6 协议可灵活定义的规则集及其分析装载。

4. 全面的安全防御方案

即使用安全工程风险管理的思想与方法来处理网络安全问题，将网络安全作为一个整体工程来处理。网络态势评估逐级成为研究特点，从管理、网络结构、加密通道、防火墙、病毒防护、入侵检测多方位全面对所关注的网络进行全面的评估，给网络安全管理人员提供更客观的信息，使管理员对当前的网络有一个正确的认识，然后提出可行的全面解决方案，便于管理员采取相应的措施。此外，与网络安全技术相结合，结合防火墙、病毒防护及电子商务技术，提供完整的网络安全保障。随着网络技术和应用的不断发展，入侵行为表现出不确定性、复杂性和多样性等特点。在目前的网络系统安全状态下，入侵检测技术已经成为计算机安全策略中的核心技术之一。作为一种积极主动的安全防护技术，入侵检测提供了对内部攻击、外部攻击和误操作的实时保护，使网络系统在受到危害之前即拦截和响应入侵行为，为网络安全增加一道屏障。随着入侵检测的研究与开发，并在实际应用中与其他网络管理软件相结合，使网络安全可以从立体纵深、多层次防御的角度出发，形成入侵检测、网络管理、网络监控三位一体化，从而更加有效地保护网络的安全。随着网络通信技术安全性的要求越来越高，入侵检测技术必将受到人们的高度重视。

2.4.3 产品发展趋势

随着入侵检测技术的发展，成型的入侵检测系统已陆续应用到实践中，成为对传统安全产品的合理补充，帮助系统应对网络攻击，扩展了系统管理员的安全管理能力（包括安全审计、监视、进攻识别和响应），提高了信息安全基础结构的完整性。其主要的发展方向可概括为以下几方面。

1. 体系结构由集中式向分布式转变

随着网络系统的日趋大型化、复杂化，以及入侵行为的协作性，入侵检测系统的体系结构由基于主机和基于网络的集中式向分布式发展，重点需要解决不同入侵检测系统之间检测信息的协同处理与入侵攻击的全局信息的提取。

2. 入侵检测系统的标准化

具有标准化接口将是入侵检测系统的下一步发展方向之一，这将有利于不同类型的入侵检测系统之间进行数据交换与协同处理，以及入侵检测系统与其他安全产品之间的信息交互。IETF（Internet Engineering Task Force）下属的入侵检测工作组（IDWG）已经制定了入侵检测消息交换格式（IDMEF）、入侵检测交换协议（IDXP）、入侵报警（IAP）等标准，以适应入侵检测系统之间安全数据交换的需要。

3. 安全技术综合集成

入侵检测系统能够及时识别并记录攻击，但并不能实时阻止攻击，因此，针对网络的实际安全需求，需要将入侵检测系统与防火墙、应急响应系统等逐渐融合，组成一个综合性的信息安全保障系统。

4. 面向应用的入侵检测

面向应用层的入侵检测也将是入侵检测系统的下一步发展方向之一。因为由应用程序所解释的各种不同类型的数据，其语义只有在应用层才能被理解，因此，只有入侵检测系统面向应用层，才能对其进行理解和并进行分析。

5. 增进对大流量网络的处理能力

随着网络流量的不断增长，传感器要收集处理的信息不断增加，对获得的数据进行实时分析的难度加大，因而对传感器的要求更高。传感器不断引入、融合新的智能技术，是入侵检测系统产品的发展方向之一。

6. 面向协作化

最早的入侵检测系统都是紧密结合的单独平台，而目前趋向于由多个开放的、具备协作能力的入侵检测子系统组成。这种构建入侵检测系统的方法的优势是可以根据适当的结构（如层次结构）充分利用各个不同的子系统的优势，并克服它们固有的不足，通过各个子系统的协同工作来实现保护本地主机和计算机系统的任务。同时，多个系统之间的协作问题也是人工智能等领域当前主要的研究方向，因此可以不断利用人工智能领域的新研究成果。

7. 向可集成化发展

发展方向是集成网络监控和网络管理的相关功能。入侵检测系统可检测网络中的数据包，当发现某台设备出现问题时，可立即对该设备进行相应的管理。未来的入侵检测系统产品会结合其他网络管理软件，形成入侵检测、网络管理、网络监控三位一体的工具。在下一代入侵检测系统产品中，各种类型的入侵检测系统结合在一起，集成网络型和主机型入侵检测系统产品的检测技术，提供集成化的攻击签名、检测、报告和时间关联功能，不仅功能更强大，而且部署和应用上也更加灵活方便。

为满足用户不同的需求，高校的入侵检测系统还面临许多有待解决的问题，入侵检测系统产品还需要不断地发展进步。同时，面对当前云计算、虚拟化、IPv6 等新一代网络环境，如何解决其中的安全问题和威胁事件处理，也将是入侵检测系统产品发展必须攻克的课题之一。不过可以预见的是，IT 系统架构的不断演进，必定会促进入侵检测系统等网络安全产品不断前行。

Chapter 3

第3章

入侵检测系统标准介绍

类似于其他信息安全产品，行业发展，标准先行，入侵检测系统也是如此。作为信息安全产品标准，它具有如下的作用：

（1）入侵检测系统研发工作开展的依据之一；

（2）入侵检测系统出厂检测（第一方检测）的依据之一；

（3）入侵检测系统采购、检测（第二方检测）、验收的依据；

（4）仲裁的依据；

（5）质量监督检测（第三方检测）的依据。

3.1 标准编制情况概述

3.1.1 入侵检测系统标准简介

在我国，现有标准体系中现行有效的入侵检测系统相关标准有以下三个：

（1）GA/T 403.1—2002《信息技术 入侵检测系统技术要求 第1部分：网络型产品》；

（2）GA/T 403.2—2002《信息技术 入侵检测系统技术要求 第2部分：主机型产品》；

（3）GB/T 20275—2006《信息安全技术 入侵检测系统技术要求和测试评价方法》。

以下简称为：GA/T 403.1—2002、GA/T 403.2—2002 和 GB/T 20275—2006。

以上标准主要还是根据入侵检测系统所检测的入侵行为来源进行分类编写的。以上标准的对应关系详见表 3-1。其中，国标 GB/T 20275—2006 已经把网络型和主机型进行了归并描述。

表 3-1 不同入侵行为来源所对应标准

入侵行为来源	对 应 标 准
获取网络入侵行为	GA/T 403.1—2002 GB/T 20275—2006
获取主机入侵行为	GA/T 403.2—2002 GB/T 20275—2006

3.1.2 入侵检测系统标准发展

这三个标准中，两个是系列行业标准，一个是国家标准。从最终的实施时间来看（从早到晚排序，详见表 3-2）：GA/T 403.1—2002、GA/T 403.2—2002 是 2003 年 5 月 1 日开始实施，GB/T 20275—2006 是 2006 年 12 月 1 日开始实施。

表 3-2 入侵检测系统标准实施时间排序

标准实施时间	入侵检测系统标准
2003 年 5 月 1 日	GA/T 403.1—2002 GA/T 403.2—2002
2006 年 12 月 1 日	GB/T 20275—2006

注： 入侵检测系统标准 GB/T 20275—2006 的结构与扫描器国家标准（GB/T 20278—2006 和 GB/T 20280—2006）的结构不同。GB/T 20275—2006 对技术要求和测试评价方法进行了归并，没有采用技术要求标准和测试评价方法标准分开编写的模式。GB/T 20275—2006 中的技术要求标准内容和测试评价方法标准内容，是提供给不同的标准使用对象的：技术要求部分则是针对开发人员的技术标准，测试评价方法部分则是为评测人员提供的方法参考指导文档。在我国早期的标准编制要求中，标准的具体技术要求标准同标准测试评价实现的技术方法标准（或叫做测评准则标准）都是成对出现，而现在标准都趋于统一在同一个标准中进行编制实现（所以现在标准编制过程中，已经几乎看不到同一种产品会有两个成对的标准）。

根据我国标准体系中“国标、行标、规范、企标、明示担保”的参照顺序，GB/T 20275—2006 在 2008 年 10 月 20 日之后替换了之前的 GA/T 403.1—2002 和 GA/T 403.2—2002。GB/T 20275—2006 作为现行有效的入侵检测系统标准，详见表 3-3。

表 3-3　现行有效的入侵检测系统标准

标准实施时间	现行有效入侵检测系统标准	分 类 标 准
2006 年 12 月 1 日	GB/T 20275—2006	网络型和主机型入侵检测系统标准

GA/T 403.1—2002、GA/T 403.2—2002、GB/T 20275—2006 标准如图 3-1 和图 3-2 所示。

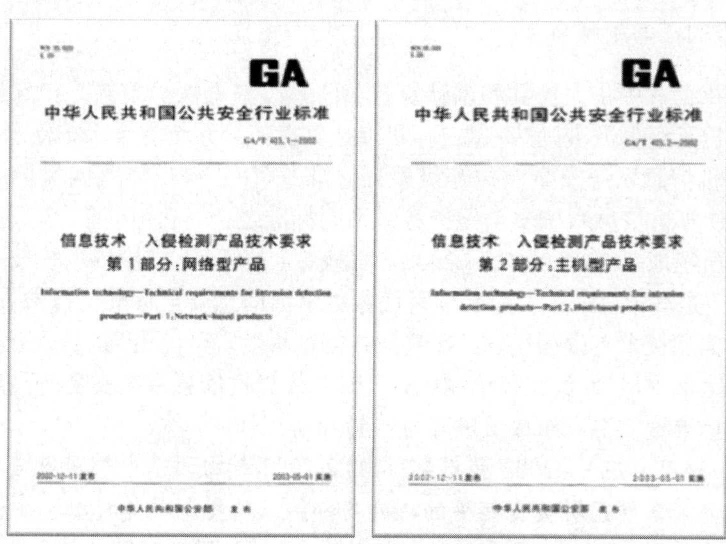
GA
中华人民共和国公共安全行业标准
信息技术　入侵检测产品技术要求
第 1 部分：网络型产品
中华人民共和国公安部　发布

GA
中华人民共和国公共安全行业标准
信息技术　入侵检测产品技术要求
第 2 部分：主机型产品
2002-12-11 发布　2003-05-01 实施
中华人民共和国公安部　发布

图 3-1　入侵检测系统行业标准

GB
中华人民共和国国家标准
信息安全技术
入侵检测系统技术要求和测试评价方法

图 3-2　现行有效的入侵检测系统标准

在本文中，只针对现行有效的国家标准 GB/T 20275—2006 进行介绍。

下面针对这个标准为读者做详细的介绍。

3.2 GB/T 20275—2006 标准介绍

1. 标准的任务来源

为贯彻执行《中华人民共和国计算机信息系统安全保护条例》和《计算机信息系统安全保护等级划分准则》，建立起我国计算机信息系统安全保护监督管理体系，特制定计算机信息系统安全保护等级系列标准。《计算机信息系统保护等级技术要求》是我国计算机信息系统安全保护等级系列标准之一，它由若干个产品（或系统）的技术要求所组成，GB/T 20275—2006《信息安全技术 入侵检测系统技术要求和测试评价方法》是其中之一。本标准编写任务由全国信息安全标准化技术委员会下达，由启明星辰信息技术有限公司、公安部公共信息网络安全监察局（现在已改名为“公安部网络安全保卫局”）负责起草制定。公安部计算机信息系统安全产品质量监督检验中心作为标准编制专家组成员参与标准评审等工作。

注：原 GA/T 403.1—2002 和 GA/T 403.2-2002 是由北京中科网威信息技术有限公司和公安部第三研究所负责起草的，公安部第三研究所具体标准负责部门就是公安部计算机信息系统安全产品质量监督检验中心；GB/T 20275—2006 由公安部公共信息网络安全监察局起草，具体执行部门也是公安部计算机信息系统安全产品质量监督检验中心。因此，公安部计算机信息系统安全产品质量监督检验中心全程参与了入侵检测系统从公安行业标准到国家标准的制修订工作。

2. 标准编制的工作过程

工作简要过程，包括任务来源、采用国际合国外标准情况、协作单位、主要工作过程等。

入侵检测系统作为一种积极主动的安全防护技术，能够实时监测对计算机系统和网络资源的滥用，可以对防范网络恶意攻击及误操作提供主动的实时保护，该产品在计算机信息系统中已经得到了广泛的应用。

在编制 GB/T 20275—2006《信息安全技术 入侵检测系统技术要求和测试评价方法》之前，国内的入侵检测系统相关标准包括公安行业标准 GA/T 403.1—2002、GA/T 403.2—2002、国家保密局标准 BMB13《涉及国家秘密的计算机信息系统入侵检测系统技术要求》。未编制过国家级入侵检测系统标准。国际已有的入侵检测相关标准如下。

（1）美国国防高级研究计划署（DARPA）和互联网工程任务组（IETF）的入侵

检测工作组（IDWG）发起制订了一系列有关入侵检测系统的建议草案。但是，这两个组织提出的草案或建议目前还正处于逐步完善之中，尚未被采纳为广泛接受的国际标准。

（2）入侵检测系统保护轮廓（Intrusion Detection System Protection Profile）系列文件规定了产品的安全功能和安全保障要求，虽然得到了较广泛的采用，但是涉及产品功能要求较少。

（3）ISO/IEC 提出了“入侵检测系统的实施、操作和管理指南”文档，主要用于指导如何使用入侵检测系统。

GB/T 20275—2006 的制定工作参考了上述国内外成果。标准制修订工作步骤如下。

1）第一阶段：完成征求意见稿

2003 年 7 月—2003 年 8 月 1 日，其中包括：调研、准备材料、前期讨论阶段；完成征求意见稿。

2）第二阶段：完成送审稿

2003 年 8 月 2 日—2003 年 8 月底，召开生产商、相关研究单位会议进行讨论，修订征求意见稿，完成送审稿。

3）第三阶段：完成报批稿

2003 年 8 月—2003 年 9 月 25 日，修订送审稿，完成报批稿。

4）第四阶段：标准稿件审查

2003 年 10 月—2006 年 5 月，对标准内容进行报批稿审查阶段。

5）第五阶段：标准发布实施

2006 年 5 月 31 日标准正式发布，2006 年 12 月 1 日标准正式实施。

3. 采用国际和国外标准情况

GB/T 20275—2006 的主要思想来自以下几类参考资料。

1）标准中关于产品等级划分的参考资料来源

（1）GB 17859—1999 计算机信息系统安全保护等级划分准则，国家质量技术监督局，1999；

（2）GB/T 18336.x—2001 信息技术 安全技术 信息技术安全性评估准则，国家质量技术监督局，2001；

（3）GA/T 390—2002 计算机信息系统安全等级保护通用技术要求，公安部，2002。

2）标准中关于产品功能要求的参考资料来源

（1）Intrusion Detection Message Exchange Requirements，IDWG of IETF，June，2002；

（2）ISO/IEC 18043-Information technology-Security techniques-Guidelines for the implementation，operation and management of Intrusion Detection Systems （IDS），Committee Draft，2004-10-06；

（3）BMB13 涉及国家秘密的计算机信息系统入侵检测系统技术要求，国家保密局，2004；

（4）GA/T 403.1—2002 信息技术 入侵检测系统技术要求 第1部分：网络型产品，公安部，2002；

（5）GA/T 403.2—2002 信息技术 入侵检测系统技术要求 第2部分：主机型产品，公安部，2002。

3）标准中关于安全环境、安全功能要求、安全保证要求、等级划分的参考资料来源

（1）Common Criteria for Information Technology Security Evaluation，Ver 2.1，August 1999；

（2）Intrusion Detection System System Protection Profile，Science Applications International Corporation Center for Information Security Technology，September 15，2000；

（3）Intrusion Detection System Sensor Protection Profile，Science Applications International Corporation Center for Information Security Technology，September 15，2000；

（4）Intrusion Detection System Analyser Protection Profile，Science Applications International Corporation Center for Information Security Technology，September 15，2000；

（5）BMB13 涉及国家秘密的计算机信息系统入侵检测系统技术要求，国家保密局，2003。

4. 标准编写的原则

为了使我国入侵检测系统的等级评估，从一开始就与国际接轨，GB/T 20275—2006的编写参考了国际有关标准，主要有美国的TCSEC和CC等。同时，GB/T 20275—2006又要符合我国的实际情况，遵从我国有关法律、法规的规定。具体原则与要求如下。

1）先进性

良好的标准应对技术的发展起着推动作用，它要有一定的前瞻性。作为标准，不仅要适合我国当前的信息安全技术的发展水平，而且要考虑到与国际接轨。编制组应充分考虑国内现有的技术水平和入侵检测系统的开发、使用、测评的条件，在等级的划分、标准的写作等方面跟踪国际信息安全的先进思想，吸收国际标准的先进模式，开展标准编制工作，使本标准能满足信息安全技术进一步发展的需要。

2）科学性

编制组参考 GA/T 403.1—2002 和 GA/T 403.2—2002，通过理论研究、实际验证

等方法来解决其科学性和合理性的问题。依据 GB 17859—1999《计算机信息系统安全保护等级划分准则》，按照入侵检测系统的功能要求、安全要求和安全保证要求进行了安全保护等级分类。

3）可操作性

考虑国情，描述适度。在标准功能和性能编制方面，通过实际验证保证标准测评方法具有操作性。在等级划分方面充分考虑到我国信息安全技术的发展的实际情况，即安全产品研制与安全系统建设的状况。对于等级的划分的方式及每个组件的描述，尽可能做到清晰、明确，工作人员容易理解，避免出现由于对标准的解释不同而无法评估或评估失误的情况。

在标准制订工作中还需体现以下原则：

（1）为入侵检测系统的市场准入规定了一个最低门槛；

（2）体现了不同产品之间的功能差异性；

（3）为不同级别的产品划分了好坏优劣。等级划分依据是 GB17859—1999《计算机信息系统安全保护等级划分准则》。

GB/T 20275—2006 的标准内容经过了多家产品开发商讨论，该标准还是比较适合当前的入侵检测系统检测需求。

5. 标准与国外现行同类标准的对比

国外标准 Intrusion Detection System Protection Profile 文件系列只是规定了产品的安全功能和安全保障，但是较少规定产品的功能；Intrusion Detection Message Exchange Requirements 规定了产品的体系结构、API、通信机制、语言格式等内容，但是不适合进行产品的评估；ISO/IEC 提出的 ISO/IEC 18043《入侵检测系统的实施、操作和管理指南》文档，主要用于指导如何使用入侵检测系统，不适合进行产品的评估。

6. 标准结构

GB/T 20275—2006 编写格式和方法按照 GB/T 1.1—2000《标准化工作导则 第 1 部分：标准的结构和编写规则》的要求进行。

1）主要结构

规范标准主要分为“范围”、“规范性引用文件”、“术语和定义”、“缩略语”、“入侵检测系统等级划分”、“入侵检测系统技术要求、“入侵检测系统测评方法”和“参考文献”共八个部分。

2）主要内容

GB/T 20275—2006 在术语定义、缩略语和记法约定中明确了该标准所适应的范围并定义了该标准所涉及的一些关键性术语，以免产生歧义。标准中分别定义了网络型、主机型入侵检测系统。就本标准定义而言：

（1）主机型入侵检测系统用于保护关键应用的服务器，实时监视可疑的连接、系统日志、应用程序日志、非法访问的闯入、系统调用等。主机型入侵检测系统通常采用查看针对可疑行为的审计记录来执行。它能够比较新的记录条目与攻击特征，并检查不应该改变的系统文件的校验和分析系统是否被侵入或者被攻击。主机型入侵检测系统保护的一般是所在的系统。

（2）网络型入侵检测系统主要用于实时监控网络关键路径的信息。它是以网络上的数据包作为数据源，监听网络内的所有数据包并进行分析，从而发现异常行为的入侵检测系统。网络型入侵检测系统一般被放置在比较重要的网段内，也可以利用交换式网络中的端口映射功能来监视特定端口的网络入侵行为。一旦攻击被检测到，响应模块按照配置对攻击做出反应。通常这些反应包括实时告警、发送电子邮件、记录日志、切断网络连接等。

两种入侵检测系统互相可作为补充。无论是主机型还是网络型的入侵检测系统，虽然它们检测的目标对象有所不同，在身份鉴别、审计日志、检测攻击能力、对告警信息的处理等诸多方面都有相同或相近的要求，而且在实际中也不乏将主机型和网络型入侵检测系统集成到一个产品中的情况，所以在该标准中将同时包含对主机型和网络型入侵检测系统的要求。标准中明确标定“网络型”的条款是对网络型入侵检测系统的要求；明确标定“主机型”的条款是对主机型入侵检测系统要求；没有标定的条款则是对网络型和主机型两类产品的共同要求。

3）*产品功能要求*

定义了对网络型和主机型入侵检测系统主要功能进行测评的内容，共分为七部分。包括：数据探测功能要求、入侵分析功能要求、入侵响应功能要求、管理控制功能要求、检测结果处理要求、产品灵活性要求和性能指标要求（具体框架结构见表 3-4、表 3-5）。规定了入侵检测系统的各项功能要求，并体现产品之间功能的差异性，供用户选择使用。

表 3-4 GB/T 20275—2006 网络型入侵检测系统功能框架结构

网络型入侵检测标准内容			第一级	第二级	第三级
产品功能要求	数据探测功能要求	数据收集	√	√	√
		协议分析	√	√	√
		行为监测	√	√	√
		流量监测	√	√	√
	入侵分级功能要求	数据分析	√	√	√
		分析方式	√	√	√
		防躲避能力		√	√
		事件合并		√	√
		事件关联			√

续表

网络型入侵检测标准内容			第一级	第二级	第三级
产品功能要求	入侵响应功能要求	安全告警	√	√	√
		告警方式	√	√	√
		排除响应		√	√
		定制响应		√	√
		全局预警			√
		阻断能力	√	√	√
		防火墙联动		√	√
		入侵管理			√
		其他设备联动			√
	管理控制功能要求	图形界面	√	√	√
		分布式部署		√	√
		多级管理			√
		集中管理		√	√
		同台管理		√	√
		端口分离		√	√
		事件数据库	√	√	√
		事件分级	√	√	√
		策略配置	√	√	√
		产品升级	√	√	√
		统一升级	√	√	√
	检测结果处理要求	事件记录	√	√	√
		事件可视化	√	√	√
		报告生成	√	√	√
		报告查阅	√	√	√
		报告输出	√	√	√
	产品灵活性要求	窗口定义		√	√
		报告定制	√	√	√
		事件定义		√	√
		协议定义			√
		通用接口		√	√
	性能指标要求	漏报率	√	√	√
		误报率	√	√	√
		还原能力			√

表 3-5 GB/T 20275—2006 主机型入侵检测系统功能框架结构

主机型入侵检测标准内容			第 一 级	第 二 级	第 三 级
产品功能要求	数据探测功能要求	数据收集	√	√	√
		行为监测	√	√	√
	入侵分级功能要求	数据分析	√	√	√
	入侵响应功能要求	安全告警	√	√	√
		告警方式	√	√	√
		阻断能力	√	√	√
	管理控制功能要求	图形界面	√	√	√
		集中管理		√	√
		同台管理		√	√
		事件数据库	√	√	√
		事件分级	√	√	√
		策略配置	√	√	√
		产品升级	√	√	√
	检测结果处理要求	事件记录	√	√	√
		事件可视化	√	√	√
		报告生成	√	√	√
		报告查阅	√	√	√
		报告输出	√	√	√
	产品灵活性要求	窗口定义		√	√
		报告定制	√	√	√
		事件定义		√	√
		通用接口		√	√
	性能指标要求	稳定性	√	√	√
		CPU 资源占用量	√	√	√
		内存占用量	√	√	√
		用户登录和资源访问	√	√	√
		网络通信	√	√	√

4）*产品安全功能要求*

对网络型和主机型入侵检测系统的自身安全功能提出了要求，包括：身份鉴别、用户管理、安全审计、事件数据安全、通信安全和产品自身安全（具体框架结构见表 3-6）。

表 3-6　GB/T 20275—2006 产品安全功能框架结构

入侵检测标准内容			第　一　级	第　二　级	第　三　级
产品安全功能	身份鉴别	用户鉴别	√	√	√
		多鉴别机制			√
		鉴别失败的处理	√	√	√
		超时设置		√	√
		会话锁定		√	√
		鉴别数据保护			√
	用户管理	用户角色	√	√	√
		用户属性定义		√	√
		安全行为管理		√	√
		安全属性管理			√
	安全审计	审计数据生成		√	√
		审计数据可用性		√	√
		审计查阅		√	√
		受限的审计查询		√	√
	事件数据安全	安全数据管理	√	√	√
		数据保护	√	√	√
		数据存储告警			√
	通信安全	通信完整性	√	√	√
		通信稳定性	√	√	√
		升级安全	√	√	√
	产品自身安全	自我隐藏（网络型）	√	√	√
		自我保护	√	√	√
		自我监测（网络型）		√	√

注：除产品自身安全功能中有两个网络型入侵检测系统特有的功能以外，其他产品安全功能都适用于网络型和主机型入侵检测系统。

5）产品安全保证要求

参考 GB/T 18336.3—2001，主要对入侵检测系统的安全保证方面提出了要求，包括：配置管理、交付与运行、安全功能开发过程、文档要求、开发安全要求、测试、脆弱性评定（具体框架结构见表 3-7）。

6）等级划分

按照入侵检测系统的产品功能、安全功能和安全保证能力的高低对该类产品划分了三个等级（具体框架结构见表 3-4、表 3-5、表 3-6、表 3-7）。

表 3-7 GB/T 20275—2006 产品安全保证框架结构

产品安全保证要求			第 一 级	第 二 级	第 三 级
产品保证要求	配置管理	配置管理能力	√	√	√
		配置管理范围		√	√
	交付与运行	交付		√	√
		安装生成	√	√	√
	安全功能开发	功能设计	√	√	√
		高层设计		√	√
		安全功能的实现			√
		低层设计			√
		表示对应性	√	√	√
	指导性文档	管理员指南	√	√	√
		用户指南	√	√	√
	开发安全要求	开发安全要求	√	√	√
	测试	范围	√	√	√
		测试深度		√	√
		功能测试	√	√	√
		独立性测试		√	√
	脆弱性评定	指南检测		√	√
		脆弱性分析		√	√

（1）第一级：规定了入侵检测系统的最低安全要求。通过简单的用户标识和鉴别来限制对系统的功能配置和数据访问的控制，使用户具备自主安全保护的能力，阻止非法用户危害系统，保证入侵检测系统的正常运行。

（2）第二级：划分了安全管理角色，以细化对入侵检测系统的管理。加入审计功能，使得授权管理员的行为是可追踪的。同时，还增加了保护产品数据、产品自身安全运行的措施。

（3）第三级：通过增强审计、访问控制、系统的自身保护等要求，对入侵检测系统的正常运行提供更强的保护。第三级还要求产品具有分布式部署、多级管理、集中管理，以及支持安全管理中心的能力。此外，还要求产品具有较强的抗攻击能力。

3.3 标准比较

3.3.1 GB/T 20275—2006 同 GA/T 403.1—2002、GA/T 403.2—2002

与原公共安全行业标准 GA/T 403.1—2002 和 GA/T 403.2—2002 相比，GB/T 20275—2006 在内容上存在四个方面差别。

1）*在标准分级方面*

GA/T 403.1—2002 和 GA/T 403.2—2002 将入侵检测系统分为基本级和增强级两级，这两个标准只是在产品功能方面对入侵检测系统的要求分为两级，在性能要求、安全要求和安全保证要求上并没有分级。GB/T 20275—2006 将入侵检测系统分为三级，在产品功能要求、性能要求、安全要求和安全保证要求三部分中都将要求分为了三级，在分级上更加精细。

2）*在标准功能要求方面*

对于网络型入侵检测系统而言，与 GA/T 403.1—2002 相比，GB/T 20275—2006 在标准中增加了防躲避能力、事件合并、排除响应、定制响应、防火墙联动、其他设备联动、多级管理、分布式部署、端口分离、产品升级、统一升级、窗口定制、报告定制、事件定义、协议定义、通用接口等要求，从入侵分析、入侵响应、管理控制、产品灵活性等方面加强了对网络型入侵检测系统的要求。

对于主机型入侵检测系统而言，与 GA/T 403.2—2002 相比，GB/T 20275—2006 在标准中增加了阻断能力、集中管理、同台管理、产品升级、窗口定制、报告定制、事件定义、通用接口等要求，从入侵分析、管理控制、产品灵活性等方面加强了对主机型入侵检测系统的要求。

3）*在标准安全要求方面*

对于网络型入侵检测系统而言，与 GA/T 403.1—2002 相比，GB/T 20275—2006 在标准中增加了多鉴别机制、会话锁定、安全行为管理、通信稳定性、升级安全、自我隐藏、自我监测等要求，从身份鉴别、用户管理、通信安全、产品自身安全等方面加强了对网络型入侵检测系统的要求。

对于主机型入侵检测系统而言，与 GA/T 403.2—2002 相比，GB/T 20275—2006 在标准中增加了多鉴别机制、会话锁定、安全行为管理、通信稳定性、升级安全、自我保护等要求，从身份鉴别、用户管理、通信安全、产品自身安全等方面加强了对主机型入侵检测系统的要求。

4）*在标准安全保证要求方面*

GB/T 20275—2006 对网络型和主机型入侵检测系统进行了统一的划分。相比

GA/T 403.1—2002 和 GA/T 403.2—2002 在安全保证要求方面没有等级上的划分，GB/T 20275—2006 由于参照了 GB/T 18336.3—2001 的三级要求，所以在标准的安全保证要求方面更加精细，对每一条要求所要完成的工作更加明确。

3.3.2 等级和保证要求

在技术要求部分，公共安全行业标准 GA/T403.1—2002 和 GA/T403.2—2002 为不同类型相同编制思路的两个标准，具有相同的产品功能等级划分架构。GA/T403.1—2002 和 GA/T403.2—2002 使用了两级，即基本和增强，等级为产品的功能分级。而 GB/T 20275—2006 为了突出对信息系统等级保护建设的支撑作用，在产品功能等级划分上对应信息系统等级化建设，分为了三级，即第一、第二和第三级。产品技术功能实现以支持五级信息系统建设为基础，主要以三级系统为分界线，支持三级及三级以上和三级以下的信息系统建设。但是，由于此时有效的信息系统等级保护建设、评估等标准还未编制完成，标准的技术要求部分还是按照不同功能实现能力为主进行划分。考虑在今后信息系统建设、评估标准完善后，再按照信息系统安全建设、评估的需求，对标准的产品技术要求部分进行选取和优化。

在安全保证要求方面，由于 GA/T403.1—2002 和 GA/T403.2—2002 标准实施较早，两个标准都不分等级，安全保证要求内容两个级别都是参照 GB/T 18336.3－2001 第二级执行。GB/T 20275—2006 在 GA/T403.1—2002 和 GA/T403.2—2002 的基础上进行了明确分级的尝试，提出了较高的安全保证要求。但是，还是由于当时的信息系统等级保护建设、评估等标准还未编制完成，存在着整体安全保证要求略低的情况，三级直接对应于 GB/T 18336.3—2001 三级。

三个标准在等级和保证要求方面的比较情况详见表 3-8。

表 3-8 GA/T 403.1—2002、GA/T 403.2—2002 同 GB/T 20275—2006 比较

标准编号	等级	等级名称	保证要求
GA/T 403.1—2002	有	基本级、增强级（性能要求、安全要求不分级）	GB/T 18336.3－2001 第二级
GA/T 403.2—2002	有	基本级、增强级（性能要求、安全要求不分级）	GB/T 18336.3－2001 第二级
GB/T 20275—2006	有	第一级、第二级、第三级	GB/T 18336.3－2001 第一、第二、第三级

3.4　GB/T 20275—2006 标准检测方法

本节将通过展现标准内容以及对应的检测方法，来加强读者对 GB/T 20275—2006 的标准条目内容的理解。以下按照该标准的三个级别进行分级介绍，低级别的内容在高级别中也需要实现，高级别中只描述新增的内容。

注：本章主要对标准中的产品功能和产品安全功能进行介绍，对于标准保证要求可以具体参考 GB/T 18336.3—2001 的标准实现内容。

3.4.1　第一级

1. 产品功能要求

1）数据探测功能要求

（1）数据收集。网络型入侵检测系统应具有实时获取受保护网段内的数据包的能力。获取的数据包应足以进行检测分析。主机型入侵检测系统应具有实时获取一种或多种操作系统下主机的各种状态信息的能力。

——这是对产品基本形态的判断。要求网络型入侵检测系统应能明确具有实时获取受保护网段内的数据包的能力，并且在产品中对获取的数据包进行检测分析；而主机型入侵检测系统应具有实时获取一种或多种操作系统下主机的各种状态信息。验证实际情况，如果产品没有提供这些功能，则该产品不是网络型或主机型入侵检测系统。

（2）协议分析。网络型入侵检测系统至少应监视基于以下协议的事件：IP、ICMP、ARP、RIP、TCP、UDP、RPC、HTTP、FTP、TFTP、IMAP、SNMP、TELNET、DNS、SMTP、POP3、NETBIOS、NFS、NNTP 等。

——根据产品的实际情况，随机抽取基于 IP、ICMP、ARP、RIP、TCP、UDP、RPC、HTTP、FTP、TFTP、IMAP、SNMP、TELNET、DNS、SMTP、POP3、NETBIOS、NFS、NNTP 协议的某几类入侵事件。其中，IP、TCP、UDP 为总协议描述，可以通过后面的具体协议的实现而证明。检测网络型入侵检测系统是否能够按照要求对这类协议入侵事件进行分析。验证产品实际协议分析情况。

（3）行为监测。网络型入侵检测系统至少应监视以下攻击行为：端口扫描、强力攻击、木马后门攻击、拒绝服务攻击、缓冲区溢出攻击、IP 碎片攻击、网络蠕虫攻击等。主机型入侵检测系统至少应监视以下行为：端口扫描、强力攻击、缓冲区溢出攻击、可疑连接等。

——随机抽取基于端口扫描、强力攻击、木马后门攻击、拒绝服务攻击、缓冲区溢出攻击、IP 碎片攻击、网络蠕虫攻击类型的入侵事件。尽可能模拟真实攻击，防止产品是基于攻击状态分析的情况。检测网络型入侵检测系统是否能够按照要求对这类入侵事件进行监视分析。随机抽取基于主机的端口扫描、强力攻击、缓冲区溢出攻击、可疑连接的入侵事件。检测主机型入侵检测系统是否能够按照要求对这类入侵事件进行监视分析。验证产品实际行为监测情况。

（4）流量监测。网络型入侵检测系统应监视整个网络或者某一特定协议、地址、端口的报文流量和字节流量。

——使用网络测试工具，针对某个网络地址段或者某一特定协议、地址、端口进行大流量网络行为的模拟。动态控制流量的变化情况，要求产品能够真实反应网络流量情况。验证产品实际流量监测情况。

2）入侵分析功能要求

（1）数据分析。网络型入侵检测系统应对收集的数据包进行分析，发现攻击事件。主机型入侵检测系统应对收集到的信息进行分析，发现违反安全策略的行为，或者可能存在的入侵行为。

——随机抽取网络型入侵检测系统支持的入侵分析事件，测试产品是否分析出入侵行为或攻击事件。随机抽取主机型入侵检测系统支持的入侵分析事件，测试产品是否分析出入侵行为或攻击事件。验证产品实际数据分析情况。此项测试是数据收集功能的深化，强调在收集了入侵数据之后要根据设置的安全策略进行分析，可以结合先前项目测试环境，一并进行验证。

（2）分析方式。网络型入侵检测系统应以模式匹配、协议分析、人工智能等一种或多种方式进行入侵分析。

——检测网络型入侵检测系统是否提供了正确的入侵分析机制。例如，在产品策略管理中可以设置模式匹配模版，能够设置协议端口或特征等，使用协议分析工具将攻击事件保留，修改协议或负载部分的入侵特征内容后回放，进行产品功能的验证；针对人工智能，入侵事件回放入侵分析方法实现可以一种或多种组合等。所有测试过程中，要求入侵分析方法能够根据检测用例进行重现，验证产品实际分析情况。此项测试是协议分析功能的深化，强调分析方式的多样性，可以结合先前测试项目环境，一并进行验证。

3）入侵响应功能要求

（1）安全告警。当系统检测到入侵时，应自动采取相应动作以发出安全警告。

——随机抽取入侵检测系统支持的入侵分析事件，检测产品是否能够按照要求对分析后的入侵行为或攻击事件产生相应的动作，产品至少能够对入侵行为或攻击事件产生安全警告。其中，安全警告必须有警示作用，日志记录不能代替告警功能。验证产品实际入侵安全告警情况。

（2）告警方式。告警可以采取屏幕实时提示、E-mail 告警、声音告警等几种方式。

——随机抽取入侵检测系统支持的入侵分析事件，设置告警方式，检测产品是否能够按照要求对分析后的入侵行为或攻击事件产生相应的告警方式。此项测试中，产品至少应该能够提供任一标准要求的安全警告方式。验证产品实际入侵告警方式情况。

（3）阻断能力。系统在监测到网络上的非法连接时，可进行阻断。

——根据产品所采用连接阻断机制使用入侵攻击工具模拟攻击会话或其他策略不允许的非法访问连接，检测产品是否正确执行连接阻断的功能。此项功能中的阻断情况一般都是暂时性的，即当前连接被阻断，后续没有入侵的新连接可以继续进行。验证产品实际阻断非法连接情况。

4）*管理控制功能要求*

（1）图形界面。系统应提供友好的用户界面用于管理、配置入侵检测系统。管理配置界面应包含配置和管理产品所需的所有功能。

——检测产品是否提供了简单易用的管理功能。此项中将关注更多的用户体验要求，因为产品操作是否便利会影响用户对产品的使用效率。对于友好界面的检测会包括，如中文界面、即时帮助、策略批操作、策略衍生操作、策略组、流水日志及时更新、流水日志排序，流水日志字段排序、荧屏过滤等，是否提供了所有配置管理功能；产品至少应该能够提供以上简易管理例子中的任何一项功能。验证产品实际图形界面情况。本项标准检测中，要求产品功能不能脱离产品界面的。例如，脱离产品的操作界面，通过字符终端或者在其他产品界面下运行的情况，都不认可是本项功能的实现方式。

（2）事件数据库。系统的事件数据库应包括事件定义和分析、详细的漏洞修补方案、可采取的对策等。

——检测产品界面中是否提供事件定义和分析、详细的漏洞修补方案、可采取的对策等描述。这些内容可从报警事件信息、策略定制信息、报告显示信息或底层数据库中查找。本项并不是要求提供数据库管理系统，只要产品能够提供以上所有内容即可。验证产品实际事件数据库内容提供情况。

（3）事件分级。系统应按照事件的严重程度将事件分级，以使授权管理员能从大量的信息中捕捉到危险的事件。

——检测产品界面中是否按照严重程度对事件进行分级。分级情况可从报警事件信息、策略定制信息、报告显示信息或底层数据库中查找。检测产品是否提供了事件分级以及按照严重程度进行分级，验证产品实际事件分级情况。

（4）策略配置。应提供方便、快捷的入侵检测系统策略配置方法和手段。

——检测产品是否提供了方便、快捷的策略配置管理功能，如中文界面、即时帮助、策略批操作、策略衍生操作、策略组等功能。产品至少应该能够提供以上策略配置例子中的任何一项功能。验证产品实际策略管理情况。本项功能测试可以与图像界面功能中一并测试，本项强调策略必须具有的配置功能，图形界面功能项强调任何界面中的配置能力，并且要求不能脱离产品的操作界面，不认可通过字符终端或者在其他产品界面下运行的情况。

（5）产品升级。系统应具有及时更新、升级产品和事件库的能力。

——检测产品是否能够进行产品版本或特征库升级。例如，核查产品特征库是否有新增的内容，或者产品版本是否更新。整个产品升级过程中应保证产品运行正常。验证产品实际升级情况。本项目中如果使用自动或者手动升级都可以接受，但如果产品升级是通过重新安装新版本产品来实现，将不认可是本项功能的实现方法。

（6）统一升级。网络型入侵检测系统应提供由控制台对各探测器的事件库进行统一升级的功能。

——检测网络型入侵检测系统是否能够由控制台对各个探测器的事件库进行统一升级。产品版本或特征库升级。例如，核查产品特征库是否有新增的内容，或者产品版本是否更新。整个产品升级过程中应保证产品运行正常。验证产品实际升级情况。本项目中如果使用自动或者手动升级都可以接受，但如果产品升级是通过重新安装新版本产品来实现，将不认可是本项功能的实现方法。

5）检测结果处理要求

（1）事件记录。系统应记录并保存检测到的入侵事件。入侵事件信息应至少包含以下内容：事件发生时间、源地址、目的地址、危害等级、事件详细描述及解决方案建议等。

——在产品中设置入侵策略，并对应模拟入侵攻击事件，触发产品产生入侵事件记录。检测产品记录的入侵信息内容是否至少包含：入侵事件发生时间、入侵源地址、入侵目的地址、入侵事件危害等级、入侵事件详细描述及解决方案建议。本项要求记录的入侵信息内容都必须具备，是记录入侵事件的最低要求。验证产品实际入侵事件记录情况。

（2）事件可视化。用户应能通过管理界面实时清晰地查看入侵事件。

——检测产品是否提供了简单易用的管理界面查看功能，能够使用户通过管理界面实时清晰地查看入侵事件。具体实现方法可以不限于提供以下这些功能：及时更新的流水日志、流水日志排序、流水日志字段排序、荧屏过滤等。本项中只要产品提供以上例子中的任何一项功能即可，实际测试时记录具体情况。验证产品实际检测事件可视化情况。

（3）报告生成。系统应能生成详尽的检测结果报告。

——检测产品是否提供了详尽的结果报告。报告的详尽程度可以通过记录以下内容来体现：入侵事件发生时间、入侵源地址、入侵目的地址、入侵事件危害等级、入侵事件详细描述以及解决方案建议等。验证产品实际入侵事件报告生产情况。本项中如果产品报告不能生成这些项目或者报告内容同实际模拟检测情况不符，将不认可是本项功能的实现方法。

（4）报告查阅。系统应具有全面、灵活地浏览检测结果报告的功能。

——检测产品本身是否提供对入侵情况报告进行全面、灵活的结果浏览功能。

报告结果浏览的全面、灵活性至少可以通过定制报告结果显示功能来体现，即报告浏览功能能够根据报告的不同属性进行结果变换浏览。例如，通过入侵事件发生时间、入侵源地址、入侵目的地址、入侵事件危害等级等进行分组显示等。验证产品实际入侵事件报告查询情况。

（5）报告输出。检测结果报告应可输出成方便用户阅读的文本格式，如字处理文件、HTML 文件、文本文件等。

——检测产品是否能够将报告输出为方便用户阅读的文本格式，输出格式应支持主流的文本格式，如 doc/docx、xls/xlsx、wps、et、html、htm、txt、pdf 等。验证产品实际入侵事件报告输出情况。本项中如果产品不能输出或者输出时信息内容与原始数据库数据不同，将不认可是本项功能的实现方法。

6）*产品灵活性要求*

报告定制。系统应支持授权管理员按照自己的要求修改和定制报告内容。

——使用授权管理员和非授权管理员登录产品，尝试修改和定制报告内容，检测产品是否只允许授权管理员进行此项操作。检测修改和定制报告功能是否是为授权管理员提供了参与定制报告功能，即授权管理员可以自定义报告的范围或者结构的功能。例如，授权管理员可以按照入侵事件的发生时间、入侵事件危险等级、入侵事件类型等特定字段生成不同的分类报告。验证产品实际报告定制灵活性要求。

7）*主机型入侵检测系统性能要求*

（1）稳定性。主机型入侵检测系统在主机正常工作状态下都应该工作稳定，不应造成被检测主机停机或死机现象。

——检测产品在主机上安装运行的稳定性。在产品运行界面下，至少做三次完整的产品功能操作，包括之前的入侵模拟、事件分析、事件报警、事件报告等功能操作。检测产品在整个测试操作过程中是否会出现失去响应、非正常退出等不稳定的情况，并且这些不稳定的情况能够固定或高频率重现，与主机型入侵检测系统安装运行的宿主机软硬件环境也无关。验证主机型入侵检测系统实际运行稳定性情况。

（2）CPU 资源占用量。主机型入侵检测系统的 CPU 占有率不应明显影响主机的正常工作。

——检测产品在主机上安装运行的稳定性。在产品运行界面下，至少做三次完整的产品功能操作，包括之前的入侵模拟、事件分析、事件报警、事件报告等功能操作。检测产品在整个测试操作过程中是否会出现长时间大量占用 CPU 资源的情况，并且这种占用情况会固定或高频率重现，与主机型入侵检测系统安装运行的宿主机软硬件环境也无关。大量占用 CPU 资源的情况将严重影响到主机其他程序的运行，主要表现可能为程序停滞、程序非正常退出等。验证主机型入侵检测系统实际运行 CPU 资源占用量情况。

（3）内存占用量。主机型入侵检测系统占用内存空间不应影响主机的正常工作。

——检测产品在主机上安装运行的稳定性。在产品运行界面下，至少做三次完整产品功能操作，包括之前的入侵模拟、事件分析、事件报警、事件报告等功能操作。检测产品在整个测试操作过程中是否会出现主机内存使用长时间超过实际物理内存空间，占用虚拟内存的情况，并且这种占用情况会固定或高频率重现，与主机型入侵检测系统安装运行的宿主机软硬件环境也无关。大量占用内存资源的情况将严重影响到主机其他程序的运行，主要表现可能为程序停滞、程序非正常退出等。验证主机型入侵检测系统实际运行内存资源占用量情况。

（4）用户登录和资源访问。主机型入侵检测系统不应影响所在目标主机上的合法用户登录及文件资源访问。

——检测产品在主机上安装运行对正常用户登录和资源访问的影响情况。在产品运行界面下，至少做三次完整产品功能操作，包括之前的入侵模拟、事件分析、事件报警、事件报告等功能操作。检测产品在整个测试操作过程中是否会出现影响合法用户登录或者正常的文件资源访问操作等情况，并且这种不正常情况会固定或高频率重现，与主机型入侵检测系统安装运行的宿主机软硬件环境也无关。验证主机型入侵检测系统实际用户登录和资源访问影响的情况。

（5）网络通信。主机型入侵检测系统不应影响所在目标主机的正常网络通信。

——检测主机型入侵检测系统在宿主机上运行时不出现非受控大网络通信情况的产生。在产品运行界面下，至少做三次完整产品功能操作，包括之前的入侵模拟、事件分析、事件报警、事件报告等功能操作。对照厂商提供的关于产品在运行时对网络影响的说明文档（参考内容可以包括：大数据流操作的预估影响范围、产品对网络影响的参考值或相关网络影响测试报告内容等），检测产品在整个测试操作过程中是否会出现非受控的影响安装主机正常网络通讯的情况。具体操作是使用协议分析仪连接在安装宿主机所有网络接口的网段上，至少包括管理和监测网段。抓取从安装宿主机网络接口中流出的所有数据包，前提是原安装宿主机安装了全新的操作系统，无外发大流量的程序。要求主机型入侵检测系统在入侵事件模拟的整个过程中不会产生非受控的大流量通信，并且不会出现平均网络利用率（产品发出的流量除以整个测试时间，计算不同网段的网络平均利用率）超过 40%的情况。验证主机型入侵检测系统实际网络通信影响情况。除非产品说明文档中说明产品会产生超过40%的正常流量，并且理由合理，否则本项中认定网络带宽占用超过 40%为非正常情况。

8）网络型入侵检测系统性能要求

（1）误报率。网络型入侵检测系统应按照指定的测试方法、测试工具、测试环境和测试步骤测试产品的误报率。产品应将误报率控制在应用许可的范围，不能对正常使用产品产生较大影响。

——检测网络型入侵检测系统入侵事件报警的差错率。根据“数据探测功能要求”中确定的网络型入侵检测系统能够识别的入侵攻击分类及提供的分析方法，要求厂商提供关于产品网络入侵事件识别误报率的参考文档，文档至少包括：误报率的定义、误报率的计算方法、针对误报率的测试环境部署方法、误报率的测试方法、所使用的测试工具及测试的具体步骤等。在激活产品所有入侵检测策略的前提下，根据“数据探测功能要求”中已经认可的策略分类描述文档，对具体入侵分类进行抽查模拟检测，验证网络型入侵检测系统实际入侵事件误报的情况。计算产品的误报率的方法为：计算由模拟入侵事件激发但描述与模拟的入侵事件不符的报警事件数目占抽查数目的比例。本项为误报率检测，即报警描述同攻击行为联系不完全或者两者没有一一对应的为误报。对于正常流量下出现的虚报情况，将进行情况描述，并记录在检测情况备注中。

（2）漏报率。网络型入侵检测系统应按照指定的测试方法、测试工具、测试环境和测试步骤，在正常网络流量下和各种指定的网络背景流量下，分别测试产品未能对指定的入侵行为进行告警的数据。系统应将漏报率控制在应用许可的范围，不能对正常使用产品产生较大影响。

——检测网络型入侵检测系统入侵事件报警的差错率。根据“数据探测功能要求”中确定的网络型入侵检测系统能够识别的入侵攻击分类及提供的分析方法，要求厂商提供关于产品网络入侵事件识别漏报率的参考文档，文档至少包括：漏报率的定义、漏报率的计算方法、针对漏报率的测试环境部署方法、漏报率的测试方法、所使用的测试工具及测试的具体步骤等。在激活产品所有入侵检测策略的前提下，根据“数据探测功能要求”中已经认可的策略分类描述文档，对具体入侵分类进行抽查模拟检测，验证网络型入侵检测系统实际入侵事件漏报的情况。计算产品的漏报率的方法为：计算未报警的模拟入侵事件数目占抽查数目的比例。

2. 产品安全要求

1）身份鉴别

(1) 用户鉴别。应在用户执行任何与安全功能相关的操作之前对用户进行鉴别。

——检测产品在提供任何与安全功能相关的管理功能之前是否都对管理员进行了身份鉴别，管理功能包括在之前出现的所有功能。允许在进行如查看版本、帮助等与安全功能无关的操作之前不需要进行用户鉴别。验证产品实际用户鉴别情况。

（2）鉴别失败的处理。当用户鉴别尝试失败连续达到指定次数后，系统应锁定该账号，并将有关信息生成审计事件。最多失败次数仅由授权管理员设定。

——模拟以管理员身份连续失败登录产品，直至超过最大失败次数。检测产品是否能够在达到最大失败鉴别次数时（此次数可固定也可设置。如果可以设定，则只能由授权管理员进行设定），通过锁定账号、使账号失效一段时间等方式阻止管理员继续进行鉴别，并能够明确将该鉴别失败处理信息生成审计事件。验证产品实际鉴别失败处理情况。本项中的审计内容必须明确体现出现鉴别次数达到最大鉴别失败次数的情况，只是简单描述登录失败等内容的情况将不认可是本项功能的实现方法。

2）用户管理

用户角色。系统应设置多个角色，并保证每一个用户标识是全局唯一的。

——检测产品是否至少提供了两类用户角色，且至少有一类为管理员角色，保证此两类用户角色并不相同。尝试设置具有相同用户标识，即相同用户名或用户 ID（因为用户名或用户 ID 同日志记录相关）的用户，检测产品是否为了保证用户标识具有全局唯一性质，而不允许创建相同的用户名或者用户 ID 信息的用户。验证产品实际用户角色管理情况。本项用户角色即为用户权限。

3）事件数据安全

（1）安全数据管理。系统应仅限于指定的授权角色访问事件数据，禁止其他用户对事件数据的操作。

——必须以产品能够提供多用户角色管理为前提，设置至少两种角色的用户，其中一种为管理员角色的用户。检测产品是否能够保证只有管理员角色的用户能够对产品事件数据行使管理权利，其他角色的用户无法对产品事件数据进行操作。验证产品实际对事件数据安全管理的情况。本项中，产品不能设置不同角色的用户，或者提供的角色无法分配对事件数据不同的管理权利范围，将不认可是本项功能的实现方法。

（2）数据保护。系统应在遭受攻击时，能够完整保留已经保存的事件数据。

——根据厂商提供的产品能完整保留已经保存事件数据的参考说明文档，模拟产品遭受攻击的情况，检测产品能够完整保留已经保存事件数据的能力。模拟产品遭受攻击情况可以包括：硬件拆卸、断电、网络连接断开、软件架构下的非法删除等，检测产品是否提供了足够的证据或者按照厂商的描述表明了产品能够完整保留已经保存的事件数据。验证产品实际对事件数据的安全保护情况。

4）通信安全

（1）通信完整性。系统应确保各组件之间传输的数据（如配置和控制信息、告警和事件数据等）不被泄露或篡改。

——根据厂商提供的通信完整性参考说明文档（文档至少应该包括：产品各个组件的构成拓扑图、它们之间通信完整性的保护措施、使之有效运行的设置方法等内容），使用协议分析工具抓取产品各个组件之间所有的通信数据包，检测产品是否在各个组件之间传输密文的配置、控制、告警、事件数据等信息。验证产品实际通信完整性的情况。本项中以使用加密手段在产品各个组件间传递信息这种方式，作为产品实现通信完整性安全的一种方法，具体实现方法可以根据实际产品实现进行扩展检测。另外，对产品各个组件通过非网络方式进行连接的情况（如主机总线），则可以通过核实厂商提供的参考说明文档及产品代码进行辅助检测证明。

（2）通信稳定性。应采取点到点协议等保证通信稳定性的方法，保证各部件和控制台之间传递的信息不会因为网络故障而丢失或延迟。

——根据厂商提供的通信稳定性参考说明文档（文档至少应该包括：使用的点

到点协议描述、保证信息不丢失的原理机制、针对发生此场景的测试环境部署方法、通信稳定性的测试方法、所使用的测试工具及测试的具体步骤等）。模拟产生持续的不同入侵事件，并在通过网络连接的产品各组件间进行间歇性断网，检测产品是否提供了足够的证据，表明了产品能够保证各部件和控制台之间传递的信息不因网络故障而丢失或延迟。验证产品实际通信稳定性的情况。

（3）升级安全。系统应确保事件库和版本升级时的通信安全，确保升级包是由开发商提供的。

——通过离线或者在线方式对产品进行升级，在升级过程中对升级服务器或者升级文件包进行安全保护。在产品中设置对升级服务器识别的项目，伪造服务器或者伪造升级包，模拟升级，检测产品是否能够正常升级。验证产品实际升级安全情况。

5）产品自身安全

（1）自我隐藏。网络型入侵检测系统应采取隐藏探测器 IP 地址等措施使自身在网络上不可见，以降低被攻击的可能性。

——进入产品界面，检测网络型入侵检测系统监测口是否不需要设置 IP 地址。在实际检测网络环境中，使用协议分析仪连接在网络型入侵检测系统所有监测网络接口的网段上，抓取网络型入侵检测系统所有监测网络接口中的数据包，检测网络型入侵检测系统的所有监测网络接口是否不会产生数据包。验证产品实际自我隐藏情况。

（2）自我保护。主机型入侵检测系统应具有自我保护功能（如防止程序被非法终止，停止告警）。

——在安装着主机型入侵检测系统的宿主机上，模拟非授权用户使用通用进程工具，终止主机型入侵检测系统的系统进程，检查主机型入侵检测系统是否能够阻止系统进程的终止操作，或产品通过自动重启恢复进程，或提示用户产品进程已经被非法终止等情况。验证产品实际自我保护情况。

3.4.2　第二级

1. 产品功能要求

1）入侵分析功能要求

（1）防躲避能力。网络型入侵检测系统应能发现躲避或欺骗检测的行为，如 IP 碎片重组、TCP 流重组、协议端口重定位、URL 字符串变形、shell 代码变形等。

——检测产品是否能够按照要求对收集数据进行躲避或欺骗分析。在原有性能抽样检测样本的基础上使用 Fragrouter 或 Fragroute 模拟 IP 碎片重组和 TCP 流重组，使用自定义服务端口模拟协议端口重定位，使用 whisker 或者 Nikto 工具模拟 URL

字符串变形和 shell 代码变形攻击。网络型入侵检测系统应该能够明确识别出经过躲避和欺骗处理的入侵事件，验证产品实际防入侵躲避的情况。本项中要求网络型入侵检测系统对经过 IP 碎片重组和 TCP 流重组的入侵事件的报警内容能够反映出原始入侵事件信息，仅碎片报警将不认可是本项功能的实现方法。

（2）事件合并。网络型入侵检测系统应具有对高频度发生的相同安全事件进行合并告警，避免出现告警风暴的能力。

——使用 Inform Blade 或者 Snot 工具重复模拟大量相同安全事件，检测网络型入侵检测系统是否能够按照要求对相同安全事件数据进行合并，即通过记录相同安全事件内容及高频度发生的次数来进行事件合并，验证产品实际对入侵告警事件的合并情况。本项中重复模拟大量相同安全事件的事件间隔时间，应小于产品对重复模拟事件间隔的定义时间间隔，防止检测模拟方法失效。

2）入侵响应功能要求

（1）排除响应。网络型入侵检测系统应允许用户定义对被检测网段中指定的主机或特定的事件不予告警，降低误报。

——检测网络型入侵检测系统是否提供类似告警记录白名单或告警分析过滤等功能，对被检测网段中指定的主机或特定的事件不予告警记录，屏蔽或过滤掉产品告警记录中可能的误报和虚报事件，减小对管理员入侵判断的影响。验证产品实际入侵排除响应情况。本项中如果只是使用荧屏过滤，而事件告警记录中还是有这些不予告警的内容，将不认可是本项功能的实现方法。

（2）定制响应。网络型入侵检测系统应允许用户对被检测网段中指定的主机或特定的事件定制不同的响应方式，以对特定的事件突出告警。

——在网络型入侵检测系统的入侵事件策略中，对指定的主机或特定的事件定制不同的响应方式。模拟指定主机通信或产生特定事件，验证产品实际对入侵事件的定制响应情况。

（3）防火墙联动。网络型入侵检测系统应具有与防火墙进行联动的能力，可按照设定的联动策略自动调整防火墙配置。

——对照厂商提供的关于网络型入侵检测系统进行防火墙联动的参考说明文档（参考内容可以包括：联动的定义、联动的原理和机制、针对联动检测的测试环境部署方法、联动的测试方法、所使用的测试工具及测试的具体步骤等），在产品中设置联动规则，模拟触发规则，检测防火墙配置文件是否已经通过联动被修改，并且修改的规则符合联动规则。验证产品实际入侵防火墙联动响应的情况。

3）管理控制功能要求

（1）分布式部署。网络型入侵检测系统应具有本地或异地分布式部署、远程管理的能力。

——相对于本地部署模式，模拟不同网段的分布式部署应用场景，对网络型入侵检测系统进行不同网段的部署，并通过产品对其他分布式部署的网络型入侵检测系统进行远程管理。验证产品实际分布式部署管理情况。本项要求通过网络型入侵检测系统界面进行远程管理，使用远程终端等其他产品的远程管理功能，将不认可是本项功能的实现方法。

（2）集中管理。系统应设置集中管理中心，对分布式、多级部署的入侵检测系统进行统一集中管理，形成多级管理结构。

——模拟不同网段的分布式部署应用场景，对网络入侵检测系统进行不同网段的分布式部署或者多级部署（其中分布式部署为同级部署模式，多级部署为上下级部署模式），并对分布式或者多级部署的网络型入侵检测系统进行统一的集中式管理。验证产品实际集中式管理情况。同前面的“分布式部署”远程访问各个网络入侵检测系统管理界面的实现方式不同，本项中认可的集中式统一管理要求是在同一个网络入侵检测系统管理界面下形成多级管理结构。

（3）同台管理。对同一个厂家生成的产品，如果同时具有网络型入侵检测系统和主机型入侵检测系统，二者可被同一个控制台统一进行管理。

——产品应提供某种控制台界面，在界面中能够同时对网络型和主机型入侵检测系统进行统一管理，验证产品实际同台管理情况。本项只针对同时具备网络型和主机型入侵检测系统，并且要求通过产品界面进行远程管理，使用远程终端等其他产品的远程管理功能，将不认可是本项功能的实现方法。

（4）端口分离。网络型入侵检测系统的探测器应配备不同的端口分别用于产品管理和网络数据监听。

——检测网络型入侵检测系统是否提供了多个网络接口，并能够将产品管理口和网络数据监听口在物理端口上进行分开设置，做到网络型入侵检测系统运行时管理口专口专用，验证产品实际端口分离管理的情况。

4）*产品灵活性要求*

（1）窗口定义。系统应支持用户自定义窗口显示的内容和显示方式。

——检测产品是否提供了支持用户自定义的窗口显示功能，用户自定义窗口功能可以包括：增删改显示内容、改变显示内容次序、根据不同分类/表现形式改变显示方式等，验证产品实际窗口灵活定义情况。本项中的用户指的是授权用户。

（2）事件定义。系统应允许授权管理员自定义事件，或者对开发商提供的事件进行修改，并应提供方便、快捷的定义方法。

——在产品的入侵事件策略库中，使用授权和非授权用户自定义创建、修改、删除入侵事件策略，对产品中默认存在的厂商提供的事件定义进行修改，检测产品是否只为授权管理员提供了自定义事件接口。另外，产品是否提供了方便、快捷的事件定义功能，这些功能可以包括策略复制、策略衍生等方法。验证产品实际事件定义情况。

（3）协议定义。网络型入侵检测系统除支持默认的网络协议集外，还应允许授权管理员定义新的协议，或对协议的端口进行重新定位。

——在网络型入侵检测系统的入侵事件策略库中，使用授权和非授权用户定义新的协议，或对协议的端口进行重新定位，并将新协议和协议端口重定位的策略激活，模拟具有新协议及端口重定位特征的网络通信，检测网络型入侵检测系统是否只为授权管理员提供了定义新的协议，或对协议的端口进行重新定位的功能。验证产品实际协议定义情况。

（4）通用接口。系统应提供对外的通用接口，以便与其他安全设备（如网络管理软件、防火墙等）共享信息或规范化联动。

——要求厂商提交产品所支持的通用接口描述参考说明文档，文档内容可以包括：通用接口定义、通用接口协议描述、通用接口应用方法等内容。部署其他网络管理软件、防火墙等产品，检测产品是否能够通过配置通用接口进行信息共享或规范化联动。验证产品实际通用接口功能情况。本项中所提到通用接口为公开接口，不公开的私有接口将不认可是本项功能的实现方法。

2. 产品安全要求

1）身份鉴别

（1）超时设置。应具有管理员登录超时重新鉴别功能。在设定的时间段内没有任何操作的情况下，终止会话，需要再次进行身份鉴别才能够重新管理产品。最大超时时间仅由授权管理员设定。

——检测员模拟登录超时，检查产品是否需要重新登录；检测员检测产品中是否只为授权管理员提供了最大超时时间限制；如果产品不提供超时登录，或不能由且只有授权管理员设置最大超时时间，则不符合。

由授权管理员设定最大超时时间后，以管理员身份登录产品，在设定的最大超时时间段内不进行任何操作，模拟登录超时的情况。检测产品是否能够在达到最大超时时间段后，要求用户重新进行登录的身份鉴别。验证产品实际身份鉴别登录超时的情况。

（2）会话锁定。系统应允许用户锁定自己的交互会话，锁定后需要再次进行身份鉴别才能够重新管理产品。

——使用管理员或一般用户登录产品，检测产品是否为用户提供了交互会话锁定的功能，并且解锁时需要再次进行用户身份鉴别。验证产品实际的会话锁定情况。本项中解锁用户通常应为进行锁定操作的用户。

2）用户管理

（1）用户属性定义。系统应为每一个用户保存安全属性表，属性应包括：用户标识、鉴别数据（如密码）、授权信息或用户组信息、其他安全属性等。

——通过分析产品数据库中或核实用户管理界面中有关用户安全属性的信息，检测产品是否对用户标识、鉴别数据（如密码）、授权信息或用户组信息、其他安全属性等用户安全属性信息进行了定义和保存。验证产品实际用户属性定义情况。

（2）安全行为管理。系统应仅限于已识别了的指定的授权角色对产品的功能具有禁止、修改的能力。

——检测产品是否提供了对产品功能进行禁止、修改的功能，即功能屏蔽的功能。例如，可以通过界面设置将产品功能项分配给不同的授权角色，不同的授权角色所能够访问到的产品功能界面都可以不尽相同。验证产品实际安全行为管理情况。本项中是要求按照不同用户角色，即用户权限，对产品功能进行安全管理。

3）安全审计

（1）审计数据生成。应能为下述可审计事件产生审计记录：审计功能的启动和关闭、审计级别以内的所有可审计事件（如鉴别失败等重大事件）等。应在每个审计记录中至少记录如下信息：事件的日期和时间、事件类型、主体身份、事件的结果（成功或失败）等。

——使用不同角色的用户进行完整的产品功能操作，模拟生成产品审计数据，检测产品审计数据是否按照要求生成了对应用户角色的审计信息。验证产品实际审计数据生成情况。本项中的审计数据可以为：明确表明审计功能开关的审计功能开关记录；审计级别中任何对鉴别机制的使用，即审计级别中所有使用鉴别机制的状态记录，如用户和模块身份鉴别的成功或失败记录；每条审计记录中都必须包括事件日期和时间、事件类型、主体身份及事件结果（成功或失败）等。

（2）审计数据可用性。审计数据的记录方式应便于用户理解。

——检测产品是否提供了便于用户理解的审计数据记录方式，如提供专用浏览记录工具，提供记录的属性描述，能够将报告输出为方便用户阅读的主流的文本格式。验证产品实际审计数据可用性情况。

（3）审计查阅。系统应为授权管理员提供从审计记录中读取全部审计信息的功能。

——使用授权管理员登录产品，尝试读取在“审计数据生成”功能中产生的所有审计信息。检测产品是否能够为授权管理员提供从审计记录中读取全部审计信息的能力。验证产品实际审计查阅情况。

（4）受限的审计查阅。除了具有明确的读访问权限的授权管理员之外，系统应禁止所有其他用户对审计记录的读访问。

——模拟授权和非授权用户登录产品（一般产品会提供独立的审计管理员用户），尝试读取审计数据。检测产品是否只允许具有明确读访问权限的授权管理员能够对审计记录进行读访问。验证产品实际受限审计查阅情况。

4）产品自身安全

自我监测。网络型入侵检测系统在启动和正常工作时，应周期性地或者按照授权管理员的要求执行自检，以验证产品自身执行的正确性。

——对照厂商提供的关于网络型入侵检测系统实现自检功能的方式，在产品重新启动或者正常工作时，尽可能少破坏产品运行环境（如关闭产品进程、移动执行文件、移动库文件等），检测产品是否能够周期性地或者按照授权管理员的要求进行自检，发现异常的自身执行状态。验证产品实际自身安全保护情况。

3.4.3 第三级

1. 产品功能要求

1）入侵分析功能要求

事件关联。网络型入侵检测系统应具有把不同的事件关联起来，发现低危害事件中隐含的高危害攻击的能力。

——对照厂商提供的关于网络型入侵检测系统进行事件关联分析的参考说明文档（参考内容可以包括：关联分析原理和机制、关联算法、针对关联分析的测试环境部署方法、关联分析的测试方法、所使用的测试工具及测试的具体步骤等），在产品中设置事件关联规则或启动事件关联分析功能。模拟关联事件，检测网络型入侵检测系统是否能够把不同的低危害事件进行关联，分析出更高危害事件。验证产品实际入侵事件关联分析情况。

2）入侵响应功能要求

（1）全局预警。网络型入侵检测系统应具有全局预警功能，控制台可在设定全局预警的策略后，将局部出现的重大安全事件通知其上级控制台或者下级控制台。

——对照厂商提供的关于网络型入侵检测系统全局预警的参考说明文档（参考内容可以包括：全局预警原理和机制、全局预警的实现方法、针对全局预警的测试环境部署方法、全局预警的测试方法、所使用的测试工具及测试的具体步骤等），在产品中设置全局预警策略，搭建多级控制台。检测网络型入侵检测系统局部出现的重大安全事件是否能够通知其上级控制台或者下级控制台。验证产品实际全局预警情况。

（2）入侵管理。网络型入侵检测系统应具有全局安全事件的管理能力，可与安全管理中心或网络管理中心进行联动。

——对照厂商提供的关于网络型入侵检测系统入侵管理的参考说明文档（参考内容可以包括：入侵管理原理和机制、入侵管理的实现方法、针对入侵管理的测试环境部署方法、入侵管理的测试方法、所使用的测试工具及测试的具体步骤等），在产品管理中心设置联动策略，模拟事件，检测网络型入侵检测系统是否能够与安全管理中心或网络管理中心进行联动。验证产品实际入侵管理情况。本项中联动应该能采取行动，仅进行日志记录将不认可是本项功能的实现方式。

（3）其他设备联动：网络型入侵检测系统应具有与其他网络设备和网络安全部件（如漏洞扫描、交换机）按照设定的策略进行联动的能力。

——对照厂商提供的关于网络型入侵检测系统其他设备联动的参考说明文档

（参考内容可以包括：其他设备联动原理和机制、其他设备联动的实现方法、针对其他设备联动的测试环境部署方法、其他设备联动的测试方法、所使用的测试工具及测试的具体步骤等），在产品以及其他设备上设置联动策略，模拟事件，检测网络型入侵检测系统是否能够与其他网络设备和网络安全部件（如漏洞扫描，交换机）按照设定的策略进行联动。验证产品实际与其他设备联动的情况。本项中联动应该能采取行动，仅进行日志记录将不认可是本项功能的实现方式。

3）管理控制功能要求

多级管理。网络型入侵检测系统应具有多级管理、分级管理的能力。

——对照厂商提供的关于网络型入侵检测系统多级管理的参考说明文档（参考内容可以包括：多级管理原理和机制、级间范围的区分、多级管理的实现方法、针对多级管理的测试环境部署方法、多级管理的测试方法、所使用的测试工具及测试的具体步骤等），在产品中设置多级或分级管理环境，检测网络型入侵检测系统是否能够进行多级或分级管理。验证产品实际多级管理的情况。本项中多级或分级管理的应用场景可能通过硬件分级或软件人员管理分级实现。

4）网络型入侵检测系统性能要求

还原能力。网络型入侵检测系统应对HTTP、FTP、SMTP、POP3、Telnet等主要的网络协议通信进行内容恢复和还原；当背景数据流低于网络有效带宽的80%时，系统应保证数据的获取和还原能够正常进行。

——使用流量发生设备在被监测网络上模拟低于80%的TCP背景流量，使用4～7层测试设备模拟HTTP、FTP、SMTP、POP3、Telnet等主要的网络协议通信，检测网络型入侵检测系统是否能够对这些主要网络协议的通信内容进行恢复和还原。验证产品实际还原能力情况。本项中要求产品在背景流量为0%和80%的还原能力应保持一致。

2. 产品安全要求

1）身份鉴别

（1）多鉴别机制。系统应提供多种鉴别方式，或者允许授权管理员执行自定义的鉴别措施，以实现多重身份鉴别措施。多鉴别机制应同时使用。

——对照厂商提供的产品多鉴别机制的参考说明文档（参考内容可以包括：多鉴别方式的种类、多鉴别原理和机制、多鉴别的实现、针对多鉴别的测试环境部署方法、多鉴别的测试方法、所使用的测试工具及测试的具体步骤等），使用产品提供的或由授权管理员自定义的多重鉴别措施，在产品登录时尝试多种鉴别方式，验证产品实际多鉴别情况。本项中多鉴别机制应至少能够同时被使用，实现多重身份鉴别措施。

（2）鉴别数据保护：应保护鉴别数据不被未授权查阅和修改。

——要求开发商以文档形式提交产品鉴别数据保护的功能描述，至少包括：保护方法（如使用加密手段，鉴别数据用户不可直接操作等）、保护的实现，以及测试工具、测试环境和测试步骤等预测产品方面的内容，检测人员根据文档模拟非授权查阅或修改鉴别数据；如果产品的鉴别数据能够被未授权查阅或修改，则不符合。

——对照厂商提供的关于产品鉴别数据保护的参考说明文档（参考内容可以包括：鉴别数据的保护机制、保护方法、针对鉴别数据保护的测试环境部署方法、测试方法、所使用的测试工具及测试的具体步骤等），模拟非授权查阅或修改鉴别数据，验证产品实际鉴别数据保护情况。

2）用户管理

安全属性管理。系统应仅限于已识别了的指定的授权角色可以对指定的安全属性进行查询、修改、删除、改变其默认值等操作。

——模拟授权和非授权用户分别对授权和非授权安全属性进行查询、修改、删除、改变其默认值等操作；检测产品是否只允许授权用户对授权安全属性进行操作，并且提供查询、修改、删除、改变其默认值这些所有功能。验证产品实际用户安全属性管理的情况。

3）事件数据安全

数据存储告警。系统应在发生事件数据存储器空间将耗尽等情况时，自动产生告警，并采取措施避免事件数据丢失。产生告警的剩余存储空间大小应由用户自主设定。

——对照厂商提供的关于产品事件数据安全的参考说明文档（参考内容可以包括报警措施的实现描述、对空间耗尽的时间估计等内容），检测产品在审计记录存储到一定空间时（空间可以默认或自定义）是否采取了措施（如报警、回滚等）。验证产品实际数据存储告警的情况。

Chapter 4

第4章 入侵检测系统典型应用

本章将介绍入侵检测系统的应用部署和典型应用案例。入侵检测系统已成功应用在军队、政务、公安、政法、金融、电力、通信、军工和大型企业等网络和业务环境中，不仅为客户提供了基于高效快速入侵检测的安全保障，还提供了丰富全面的漏洞解决方案和评估报告，能够充分满足客户对高安全、高性能、高可靠性的应用需求。

4.1 产品应用部署

目前用户网络环境中常见的网络拓扑结构有：总线拓扑、星形拓扑、树形拓扑和混合型拓扑。针对上述用户常见的网络拓扑，入侵检测系统通常采用两种部署方式：独立式部署和分布式部署。

4.1.1 单一内网环境部署策略

在一个典型的网络环境中部署了三个网络引擎，如图 4-1 所示。DMZ 区和外网中的网络引擎以被动方式运行（即控制台主机主动发起连接从中“拉”数据），而网络引擎 1 既可以配置为主动方式，也可以配置为被动方式。控制台主机可以同时监控位于三个不同区域网络引擎的状态并处理传送回来的实时信息。

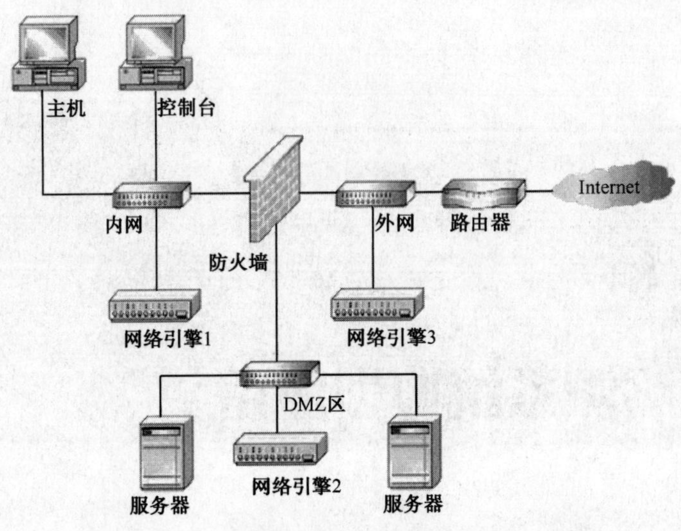

图 4-1 入侵检测系统单一内网环境部署示意图

4.1.2 多内网环境部署策略

每个内部子网通过单独的防火墙与外网连接，控制台主机位于公开网段，它可以监控位于各个内网的网络引擎，如图 4-2 所示。

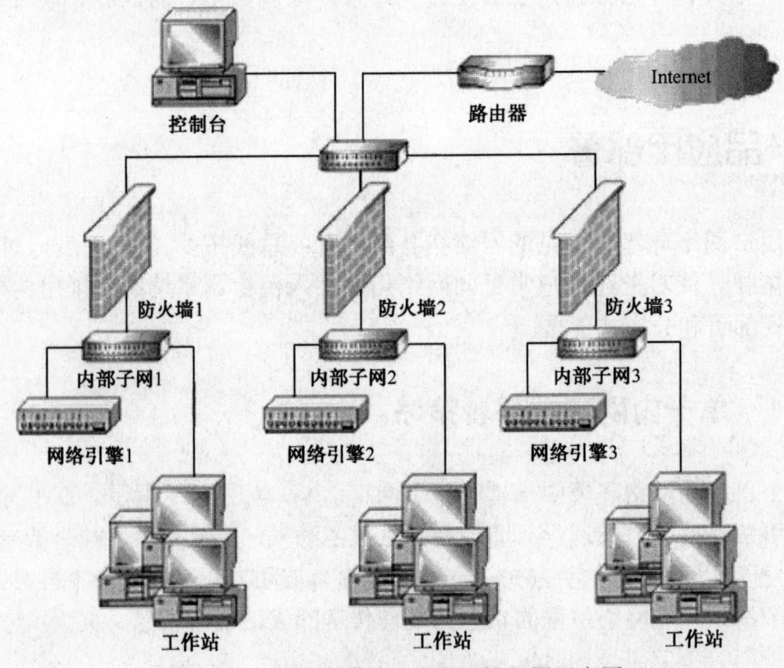

图 4-2 入侵检测系统多内网环境部署示意图

4.1.3 DMZ 区重点监控

在 DMZ 区中通过分接器给每个关键应用服务器连接一个专门的网络引擎，以保证对关键主机的重点监控，这样既可以加强监测的针对性引擎，同时也便于过滤策略和检测策略的定制，如图 4-3 所示。

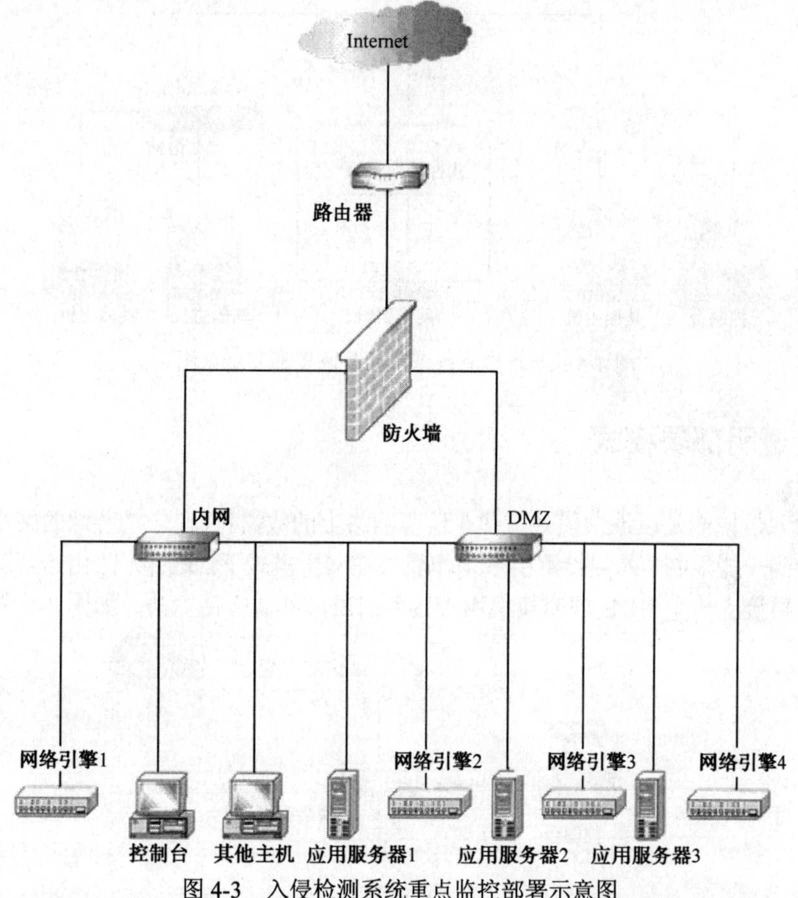

图 4-3 入侵检测系统重点监控部署示意图

4.1.4 多网段监控

网络中划分多个网段时，通常每个网段需要配置一个入侵检测引擎，这样带来的问题是成本相对较高。对于网络流量不是很高，同时又划分多个网段的网络，入侵检测系统提供了一个引擎同时监控多个网段的功能。图 4-4 所示应用方案中，通过一个入侵检测引擎可以同时监听 2～7 个网段，可以监控内部网内 2～7 个节点内的所有主机，减少引擎个数，利于管理，方便设定策略；降低网络部署成本。

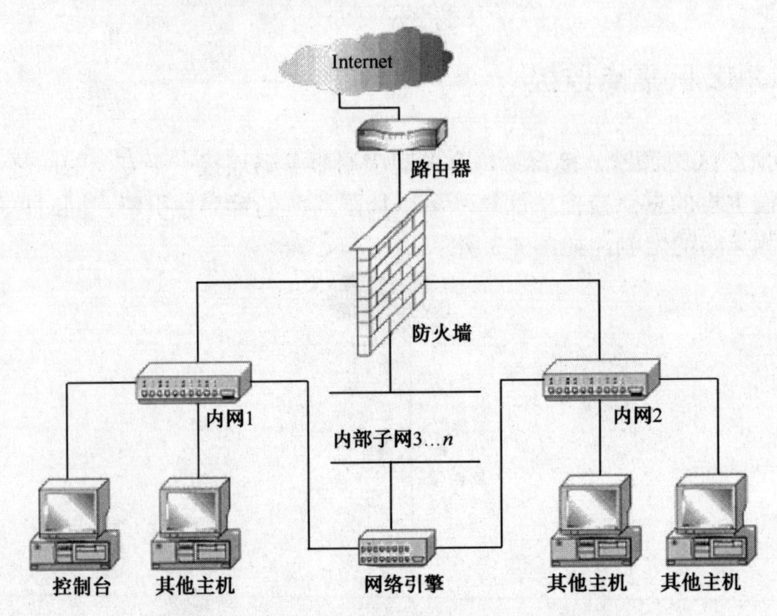

图 4-4 入侵检测系统多网段监控部署示意图

4.1.5 透明部署模式

通常入侵检测是以混杂模式工作来监听网络上的数据包，在一些特殊的网络环境中这样会受到一些限制。入侵检测引擎工作能够在网桥模式下，这样，路由器与防火墙之间不需要再接出一个 HUB 或交换机用于接入引擎，部署方便简洁，如图 4-5 所示。

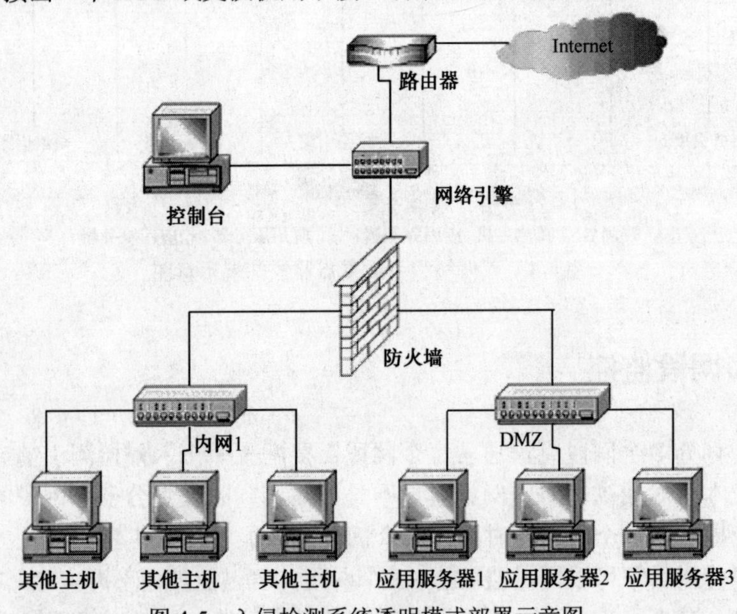

图 4-5 入侵检测系统透明模式部署示意图

4.1.6　网络分级监控

网络引擎 1 检测从外部网来的攻击；网络引擎 2 检测经过防火墙的攻击，网络引擎 3 检测内部网的攻击及异常行为，如图 4-6 所示。

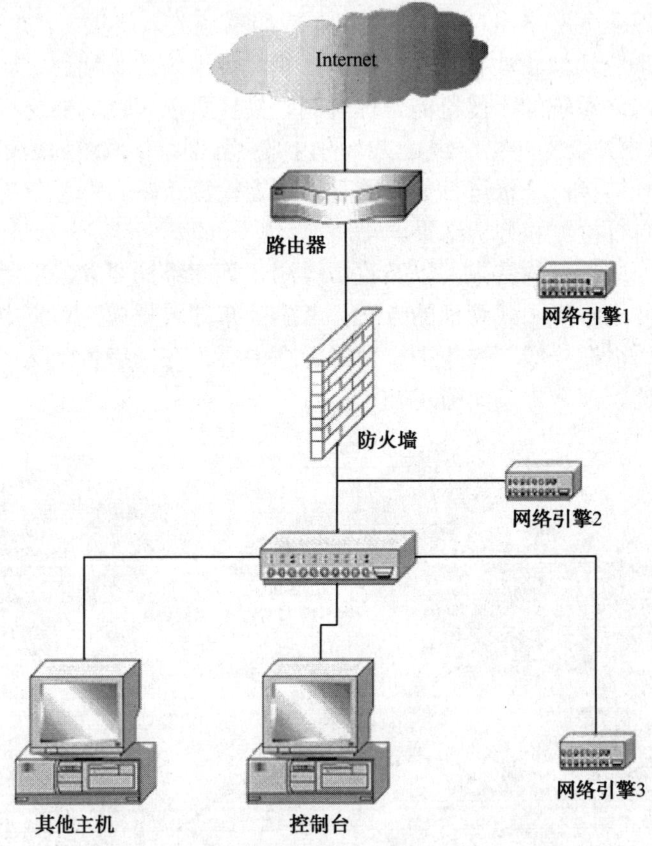

图 4-6　入侵检测系统网络分级监控部署示意图

4.2　产品应用场合

入侵检测系统已经在全国各个行业的信息安全应用领域得到了普遍应用和推广，如政府行业（税务、财政等）、运营商行业（移动、电信、联通等）、金融行业（银监会、人行等管理机构，商业银行、证券公司、保险公司等）、能源行业（国家电网、中石油、中海油、中石化等）、高校、企业等。下面就比较典型的行业应用案例做详细的介绍。

4.2.1 政府行业中入侵检测系统应用介绍

1. 某税务系统典型案例

为及时发现业务网络中对网络、主机和应用系统的入侵攻击，并及时加以弥补，从根本上提高系统的健壮性和抗攻击性，保证业务系统的长期稳定运行，税务系统需要建立全局网络系统的入侵检测管理机制。具体需求为：需要进行管理的节点数量达到50个以上，范围包括一级、二级的内部业务网络，系统内通过专有网络，把二级各节点进行链接；一级进行集中监管，制定检测策略、汇总分析数据，二级节点也要求能够自行检测和分析结果。

根据上述网络结构的特点，以及攻击检测、管理维护要求，采用分布式部署入侵检测系统，并进行集中式管理的方案。考虑分布部署规模，对集中管理中的性能要求比较高，所以在一级部署集中管理的管理中心，在二级各分支节点分别部署一台入侵检测系统。部署方案如图4-7所示。

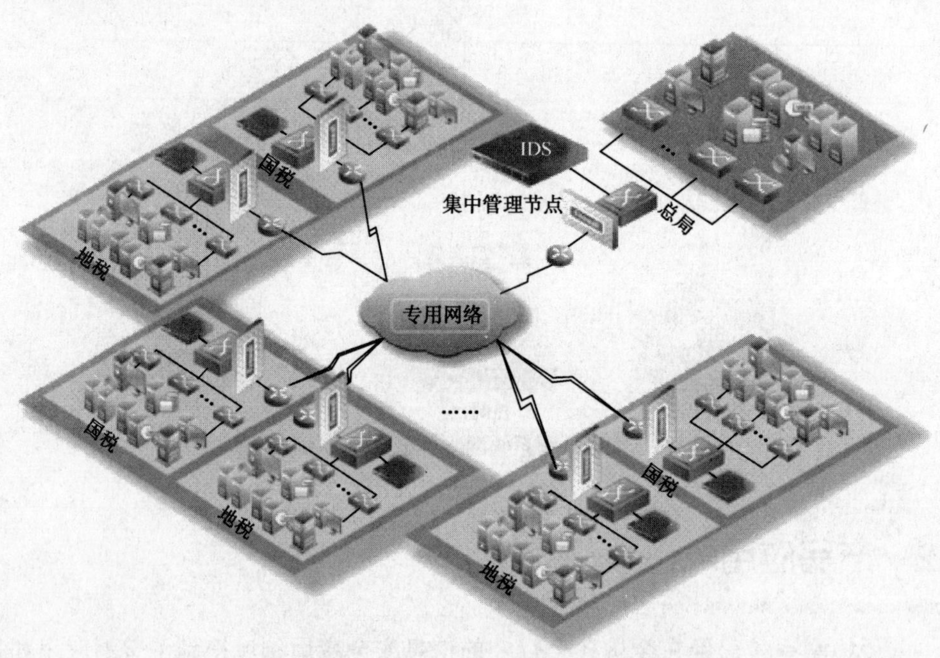

图4-7 税务系统部署网络拓扑图

2. 某海关系统典型案例

信息中心主要职责是承办海关系统的信息化系统建设工作，包括计算机应用项目开发、维护、运行；小型机、微机硬件系统的维护运行；广域网和局域网的维护运行；门户网站建设和维护运行；有线、无线通信系统维护运行、电视电话会议系统的维护运行；提供技术支持、培训、信息咨询服务等。经过十几年的发展，信息中心的信息系统已经非常庞大。

根据安全风险分析、安全目标和设计原则，在充分利用现有资源、尽量少投入和少改动的基础上，采用分布式入侵检测方案：父节点作为统一管理端，部署在最关键的地方，负责总体评估策略定义，任务下发，报表整合。子节点执行父节点下发的任务，对单个节点进行检测，并将检测报告上传到父节点。父节点通过发送监督邮件的方式来督促相应的资产管理员对漏洞进行修复。

具体部署方式如下：

在核心机房部署1套千兆入侵检测系统，作为分布式部署的父节点管理子节点；在分支机构分别部署1台入侵检测系统，子节点根据父节点下发的任务，实时对网内服务器、网络设备、主机进行入侵检测，将检测结果上传到父节点进行汇总分析。其网络拓扑图如图4-8所示。

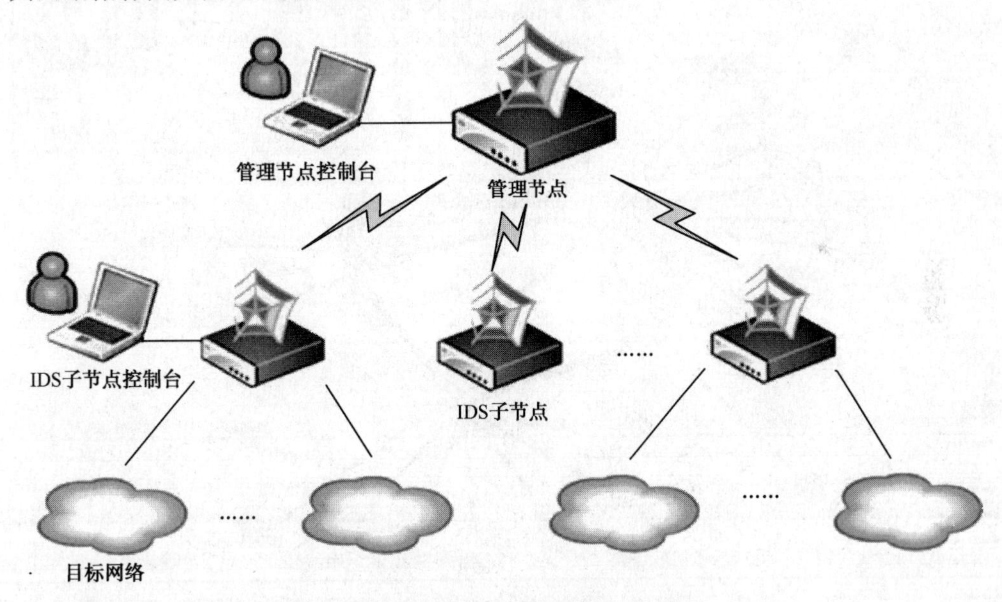

图4-8　海关系统部署网络拓扑图

4.2.2　高校中入侵检测系统应用介绍

某高校校园网由网控中心、主干网和各楼内的局域网组成，网络中心、图书馆、文科大楼和学生公寓四个主节点用光纤连成一个主干环路，光缆将校内教学、科研和行政办公楼群与校园主干网相连。

由于该大学校园网络建设初期，在安全方面没有做太多考虑，这就给病毒、黑客提供了充分施展身手的空间。该校园网作为一个管理实体，拥有 WWW、邮件、数据库等服务器，终端桌面数量达到几千台，校园内不仅电教室、电子阅览室、办公室的电脑能上网，学生宿舍和家属楼的电脑通过电信宽带也能上网。对于这种大、中型的校园网络，许多防护系统形同虚设，而且学校网络管理人员无法确切了解和解决每台目标主机和整个网络的安全缺陷及安全漏洞，给校园网带来了严重的安全隐患。经过用户严密的分析和论证，决定采购一套入侵检测系统，尽可能地发现校园网中存在的入侵攻击，真正做到防患于未然。

由于该大学复杂的网络分布，出于安全性考虑，将入侵检测系统部署于该大学网络中心，连接核心交换机，实现了对大规模网络的实时入侵检测和风险评估，高速高效且稳定地防护整体网络，具体部署如图 4-9 所示。

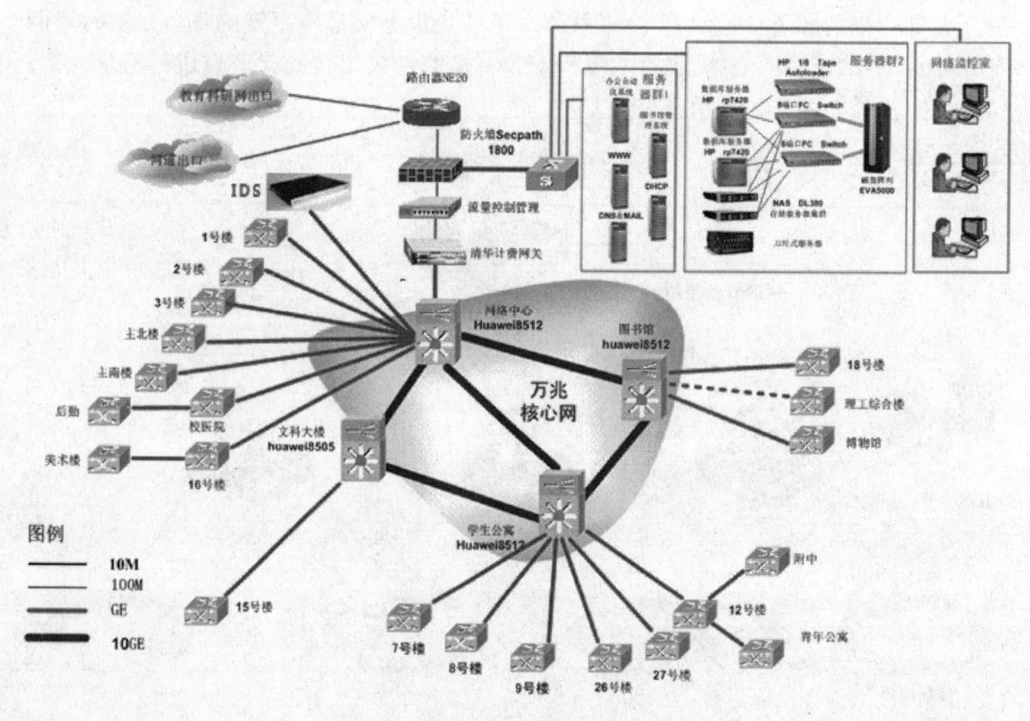

图 4-9　高校系统部署网络拓扑图

4.2.3 金融行业中入侵检测系统应用介绍

某国有银行省级分行，主要为当地的客户提供高质量综合性金融服务。为有效地保护其金融客户的信息安全，同时达到 SOX 法案、巴赛尔协议及等级保护对银行业风险管理的要求，该国有银行对信息安全及网络安全从各个角度进行了深入的考虑。该银行业务应用系统众多，设计业务复杂，而且很多业务直接连接至 Internet 为客户提供服务，因此网络安全体系的建立和网络安全的全面解决方案一直是其日常工作的重中之重。为了给其用户提供更优质的服务，该省行决定进一步加强省行网络的整体安全性。不仅仅是对安全事件的应对，而且需要真正完成从防患于未然的主动预防，到实时应对，再到评价持续改进的闭环体系。

在第一个预防阶段，就需要及时发现业务网络中网络、主机和应用系统的入侵攻击，并及时加以弥补，从根本上提高系统的健壮性和抗攻击性，保证业务系统的长期稳定运行。解决方案如下。

根据该银行分支机构较多较为分散的网络结构，以及维护特点，决定采用分布式的方式部署入侵检测系统并进行集中式管理。在省行部署上级管理设备，在地市行各部署低端的入侵检测系统进行日常的定期安全评估与入侵检测工作。

省行管理设备对地市设备进行入侵检测数据汇总和扫描策略的下发，能够定期自动从地市行准确地收集检测结果，同时实现对省行网络节点进行入侵检测和安全评估；地市设备实现对本区域内网络节点的入侵检测和安全评估。省行管理设备和地市设备紧密结合，形成一套完整的虚拟入侵检测网络，对相应区域的网络节点进行入侵检测和管理，形成整体系统的一体化管理，如图 4-10 所示。

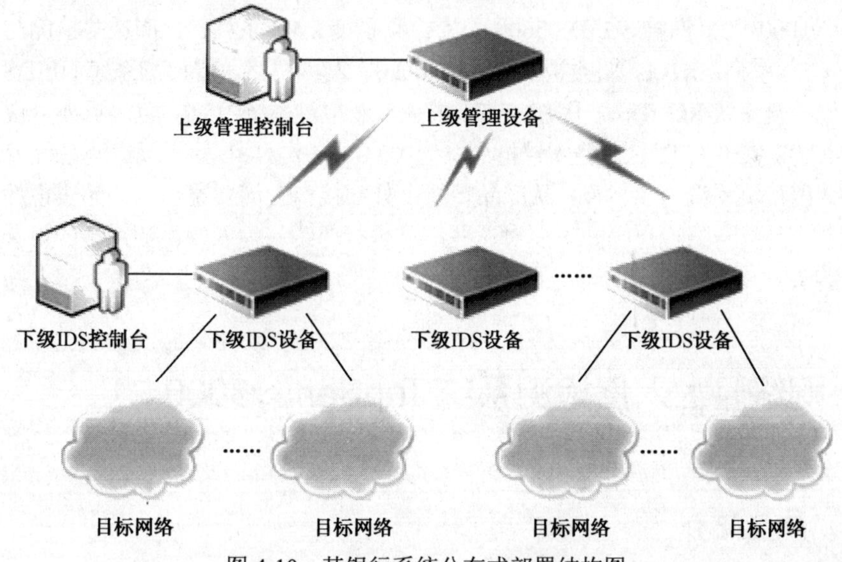

图 4-10　某银行系统分布式部署结构图

采用分布式部署方案，有效地解决了复杂环境用户攻击不能集中管理的问题。通过入侵检测系统能够自动周期对网络资产进行评估，最后自动将风险评估结果自动发送给相关责任人，大大降低人工维护成本。根据评估结果定性、定量分析网络资产风险，反映用户网络安全问题，并把问题的重要性和优先级进行分类，方便用户有效地落实漏洞修补和风险规避的工作流程，并为补丁管理产品提供相应的接口。

Chapter 5

第5章 入侵检测系统的产品介绍

本章将介绍几款国内知名的入侵检测系统，包括：网络卫士入侵检测系统TopSentry3000/V2、网神SecIDS 3600入侵检测系统V4.0系列、天阗威胁检测与智能分析系统V7.0系列、KILL入侵检测系统V4.0.2.0、网威网络入侵检测系统NPIDS系列、锐捷入侵检测系统RG-IDS（千兆）/V7、方正入侵检测系统V5.0、蓝盾百兆入侵检测系统BD-NIDS V2.0（FE）、捷普入侵检测系统V3.0、东软NetEye入侵检测系统V2.2、黑盾网络入侵检测系统V3.1等。从产品功能、外部接口的简要说明，产品实现的关键技术，以及产品自身的特点等几方面对这些产品进行介绍，为入侵检测系统的设计者、生产者、购买者和使用者提供一定的指导。

5.1 网络卫士入侵检测系统TopSentry3000

5.1.1 产品简介

由北京天融信科技有限公司研发、生产的网络卫士入侵检测系统TopSentry3000/V2（千兆），是一款千兆级网络型入侵检测硬件产品。网络卫士入侵检测系统部署于网络中的关键点，实时监控各种数据报文及网络行为，提供及时的报警及响应机制。其动态的安全响应体系与防火墙、路由器等静态的安全体系形成协防体系，增强了用户的整体安全防护强度。

网络卫士入侵检测系统主要包括两部分组件：检测引擎和控制台。检测引擎采用专用硬件设备以旁路方式接入检测网络。检测引擎一般配置三部分网络接口：管理、监听和扩展，管理口作为通信端口与控制台交换数据，监听和扩展口作为监听端口，负责捕获网络数据。控制台提供显示和管理配置功能。

检测引擎包括以下组件。

（1）检测组件：通过检测组件实时分析、检测各种网络事件。

（2）响应组件：用于与控制台通信并实时传输各种事件。

（3）日志组件：用于管理实时事件之外的各种日志。

（4）监控组件：引擎的 Watch-dog 组件，实时监控各种组件是否正常工作。如果组件工作不正常，将会“唤醒”相关组件，以保证系统的正常运行。

控制台为管理入侵检测引擎提供图形化管理界面。通过控制台可以管理、配置检测引擎的各种参数及安全策略。同时用户可以通过控制台查看由引擎发送的各种入侵检测事件，并生成各种报表。控制台包括以下组件。

（1）控制台主程序：通过控制台主程序可以实现详尽的系统设置、实时监控报警事件。控制台主程序为用户提供了方便友好的图形化接口，用户可以非常简单地进行各种设置。

（2）报警器：报警器作为控制台的一个组件，可以单独安装，实时接收各种入侵事件，而无须与控制台主程序在同一台主机中运行，从而解决了管理员无法实时与运行控制台主程序的主机进行交互的问题。

（3）跟踪器：当发生各种攻击事件时，管理员可以方便地调用跟踪器对攻击源地址或者目的地址进行各种跟踪确认操作，来确定其身份。

（4）报表生成器：通过控制台中基于 Crystal Report 的报表生成器，可以生成用户需要的各种报表。

5.1.2　产品实现关键技术

网络卫士入侵检测系统 TopSentry3000/V2（千兆）设计和实现中主要的难点为如何很好地抵御入侵检测系统规避攻击和减少误报，减少针对事件风暴的攻击行为等。其中，为了能够减少针对入侵检测系统规避的攻击，尤其是针对 STICK 等攻击，实现了状态检测机制来很好地解决未形成会话情况下的针对入侵检测系统报警的模拟攻击。虽然单纯从检测特征码来说可能会符合入侵检测规则中定义的检测特征码，但是如果未形成相关会话，则事实上根本不会发生相关攻击事件。因此有必要监控其整个会话的建立过程，维持其会话状态来判断是否可能会真正发生相关攻击，同时也减少了很多误报。此外，针对短时间内发起恶意的攻击使管理控制台被大量事件淹没的情况，采用事件防洪水机制来进行有效的归并。此外，为提高检测的准确度及性能，自身专门开发了高效模式匹配算法来提高准确度及性能。各关键技术实现如下。

（1）TopSentry 检测模块通过 MS Jet Engine 读取 MDB 格式的配置库文件。将读取的信息加载到为 TopSentry 分配的内存区域中。

（2）由网卡(Network Interface Card)接收的数据报文通过专用 NDIS 驱动采集。

（3）通过采集的数据报文生成并分析 TopSentry 需要的审计数据。

（4）以这些审计数据为基础执行入侵检测功能。

（5）一旦检测到入侵攻击，在通过 MS Jet Engine 保存相关审计数据的同时，按照预定义的响应方式向管理员报警。并且会采取切断会话等响应方式。

（6）TopSentry 引擎基于 OpenSSL 与 TopSentry 控制台通信。通过 OpenSSL，从 TopSentry 控制台接收配置或者指令、规则等，并且将检测到的事件发送到控制台。

5.1.3 产品特点

1. 增强的入侵检测技术

（1）综合使用误用检测、异常检测、智能协议分析、会话状态分析等多种入侵检测技术，提高了准确度，减少了漏报、误报现象。

（2）通过优化的、专用的、高效的模式匹配算法，提高了检测效率。

（3）通过详尽、细粒度的应用协议分析技术，提高了应用层攻击检测能力。

（4）基于优化的 TCP/IP 协议栈及可疑网络活动（SNA）处理器，增强了 DoS、扫描等攻击事件检测能力。

（5）内置大量入侵检测规则，提供对 DoS、扫描、代码攻击、病毒、后门等各种攻击的检测能力。

（6）通过解码基于 SSL 加密的通信数据，分析、检测基于 SSL 加密通信的攻击行为，从而可以保护内部重要的提供 SSL 加密的服务器的安全性。

2. 蠕虫检测能力

实时跟踪当前最新的蠕虫事件，针对已经发现的蠕虫攻击及时提供相关事件规则。对于存在系统漏洞但尚未发现相关蠕虫事件的情况，通过分析漏洞来提供相关的入侵事件规则，在一定程度上解决蠕虫发现滞后的问题。

3. 丰富的响应方式

1）控制台响应

（1）报警：包括控制台报警、报警器报警、报警灯报警、焦点窗口报警、声音报警、邮件报警、手机短信报警等。

（2）日志保存：将日志保存在本地数据库或者远程数据库中。

2）引擎响应

（1）报警：向控制台发送报警信息、邮件报警、手机短信报警、报警器报警、SNMP 报警、自定义程序报警等。

（2）联动：防火墙、路由器联动等。

（3）阻断：引擎主动切断会话。

4. 方便、灵活的策略编辑器

内置多种策略模板，用户可根据实际网络环境灵活选择、应用。策略编辑器简单、易用，便于管理员制定各种安全策略。内置协议解码器，用户可以灵活地自定义各种入侵规则，具有扩展性。

5. 灵活的部署方式

支持控制台、引擎分离的分布式部署方式。不仅支持基于 HUB 的共享环境、基于交换机镜像功能的交换环境，而且还支持基于专用的流量分流设备 TAP 的部署方案。

6. 多层次、分级管理

（1）引擎管理：产品构架为基于 C/S 模式的控制台与检测引擎分离的结构。从控制台可以对引擎进行详尽的配置，同时向引擎分发升级更新文件，并可以控制引擎停止、重启等。

（2）数据库管理：支持多种数据库系统，包括 ACCESS 数据库、MS SQL ERVER 数据库。可以对数据库日志进行有效的备份、删除、压缩和恢复操作。

（3）策略管理：内置了多种策略模板，在策略模板基础上，用户可以添加新的策略集，并可以对具体策略项进行编辑处理。同时，支持策略集的导出和导入，便于控制台的迁移。

（4）升级管理：支持对事件特征库和系统的在线升级及文件包升级两种升级方式，保证事件特征库和系统的及时更新。

5.2　网神 SecIDS 3600 入侵检测系统

5.2.1　产品简介

由网神信息技术（北京）股份有限公司研发、生产的网神 SecIDS 3600 入侵检测系统 V4.0 系统，是百兆、千兆级网络型入侵检测软硬件结合产品。该产品由管理控制中心（软件）和网络探测引擎（硬件）组成，能够实时监控网络入侵和攻击行为，并提供相应的报警及响应机制。

5.2.2 产品实现关键技术

1. 入侵检测引擎

网神信息技术（北京）股份有限公司自主开发的引擎，综合使用了特征匹配、协议重组、协议分析和异常行为检测等方法。

1）自适应多协议融合分析技术（AMPFAT，Adaptive Mutiple Protocol Fusion Analysis Technique）

综合采用智能协议栈判别、会话重组、依据协议的 IP 数据包数据萃取、依据协议的模式匹配、缓存“零拷贝”等高性能网络数据包处理技术，提高检测效率。

2）安全策略预检分流技术

对采集到的原始数据进行全局安全策略的预判，对符合全局安全策略或不违反全局安全策略或不可能引起对监控对象进行攻击的事件进行数据的过滤，以达到提高检测性能、降低误报率的目的。

3）事件缩略再分析技术

对经由协议分析模块判定为攻击或入侵的事件，进一步进行事件的统计分析，如在一个短时间内形成的同一类攻击事件，则归类为一个（或一类）攻击事件上报控制台（Console）日志服务器，从而避免了因“事件风暴攻击”而造成的系统阻塞、崩溃现象。

另外，对于一些基于统计的事件，也可以由事件缩略再分析技术来发现，保证报警信息的准确性。

4）细粒度分析算法

（1）ADI 算法（Based-Action Deep Inspection）：智能化的基于行为的深度检测算法，对于异常网络行为进行预检分流，有效提高检测效率。

（2）CDI 算法（Based-Content Deep Inspection）：综合采用智能 IP 碎片重组、智能 TCP 流会话重组技术，进行内容深度检测，有效地改善了许多入侵检测系统普遍存在的高误报、高漏报问题。

具体的算法实现如图 5-1 所示。

2. 智能管理模式

探测器和控制台间 Peer-To-Peer 方式的分散性结构，可以使一个探测器连接多个控制台，或者一个控制台连接多个探测器。探测器可以有 1 个主控制台（Primary Manager）和 1 个以上的从控制台（Secondary Manager）。

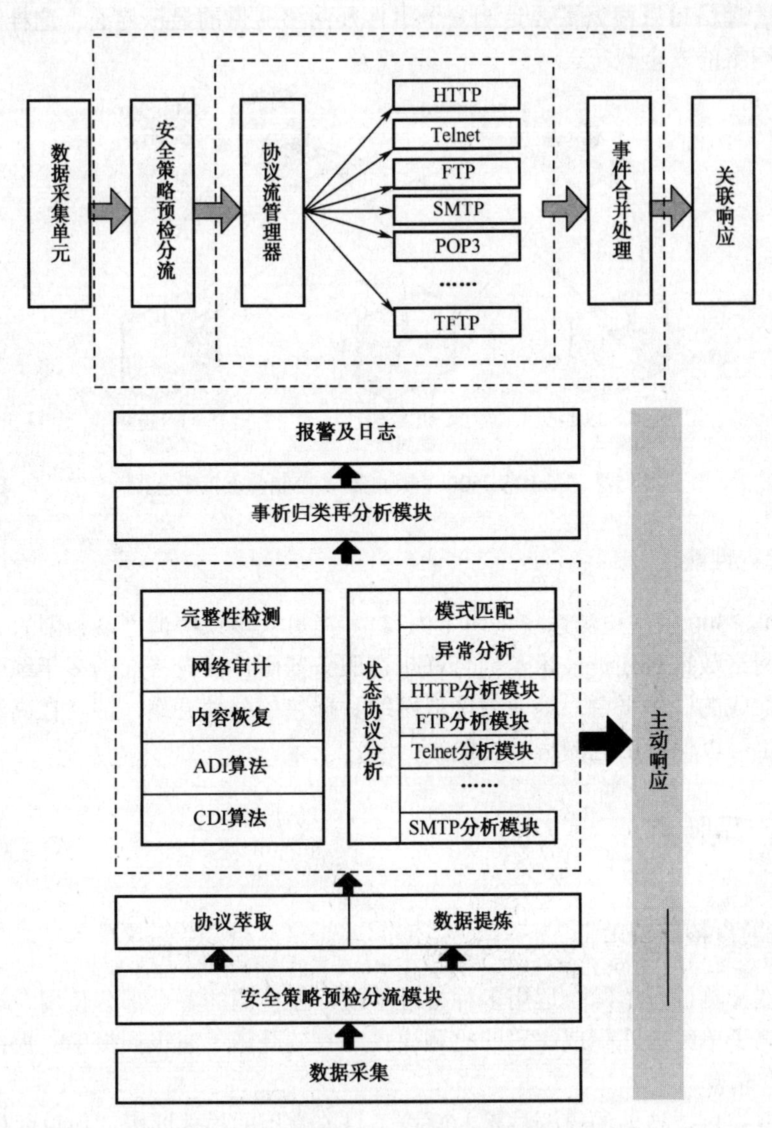

图 5-1 SecIDS 3600 细粒度分析算法实现示意图

主控制台和从控制台可以记录探测器的所有事件，并且主控制台可以设置探测器的配置。

（1）多个控制台和多个探测器的连接，如图 5-2 所示。

（2）发生与控制台的连接断开时，探测器也可以持续工作，记录事件日志。重新连接时探测器向主控制台发送断开期间保存的所有日志数据。

（3）多个探测器连接一个控制台。

（4）利用加密算法的控制台和探测器间的通信加密化。

（5）管理员可以根据需要定制安全事件及网络流量的显示界面，这样更便于管理员了解网络的安全状况。

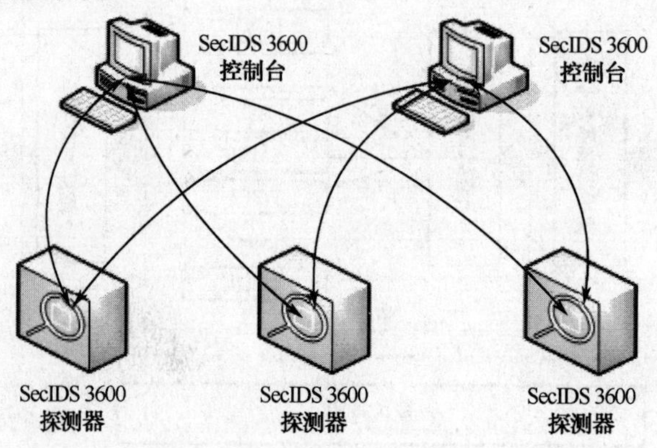

图 5-2 SecIDS 3600 多探测器/多控制台连接示意图

3. 运行性能

SecIDS 3600 入侵检测系统采用了内存“零拷贝”、零系统调用及独创的 AMPFAT 等高性能网络数据包处理技术，结合联想在服务器硬件研发方面的多年经验基础上自主研发而成的硬件平台，能有效降低网络数据包的处理开销，即使在高流量的网络环境下也可以保持出色的运行性能。

5.2.3 产品特点

1. 细粒度检测技术

（1）在检测过程中综合运用多种检测手段，在检测的各个部分使用合适的检测方式，脱离了单纯的匹配或解码的检测模式。有效降低了漏报误报率，提供了高可用性的告警信息。

（2）网神科技独创的检测技术，解决了目前常用的模式匹配和协议解码技术带来的入侵检测系统可用性不高的问题。

2. 入侵检测功能

（1）检测 2000 多种攻击手段。支持事件统计分析、协议异常检测，有效防止各种攻击欺骗。

（2）优异的检测性能，通过使用高速数据包处理技术，提高了大流量下的检测能力，可以适应百兆的网络环境。百兆环境下背景流量为百兆满负荷时，检测率达到 100%。

（3）检测规则库和国家反计算机入侵和防病毒研究中心合作建设。依托联想公司和国家反计算机入侵和防病毒研究中心的资源投入，保证了检测规则库的权威性和时效性，同时与国际权威规则库保持同步。

3. 灵活全面的部署配置

（1）支持 IDS/IPS 双工作模式。
（2）支持 TOPSEC、OPSEC 和联想 PUMA 协议，具有联动功能。
（3）支持 SNMP 协议下的网络统一管理，可扩展与多种网络设备联动。

4. 用户导向的设计理念

（1）控制台界面人性化，提供初次安装探测器向导、探测器高级配置向导、报表定制向导等，易于用户使用。
（2）一站式管理结构，简化了配置流程。
（3）日志报表功能，用户可定制查询和报表。
（4）支持用户自定义规则设置和响应设置，灵活方便地定制安全策略。
（5）用户自定义个性化控制台界面。

5. 完善的增值功能

（1）网络行为监控、违规网络连接检测等功能，掌控自己的网络。
（2）响应功能，提供防火墙联动、邮件报警等多种响应方式。
（3）IP 欺骗检测功能。检测网络中的 IP 地址盗用行为。
（4）ARP 地址欺骗检测，防止了来自内部的地址欺骗攻击，有效地定位内部攻击来源。
（5）HTTP、FTP、Telnet 和收发邮件的监控功能，完整重现网络滥用行为。
（6）数据库交叉备份模式，加快了备份速度。

6. 安全的体系结构设计

（1）完善的日志审计功能，记录用户操作的一举一动。
（2）探测器地址隐藏设计。
（3）经过安全裁减的嵌入式操作系统，DOM 和专用硬盘存储机制。保证硬件设备的安全。
（4）基于加密和身份认证的通信机制，保证传输安全。
（5）基于硬件的身份认证功能和用户角色分级机制，阻止对产品操作的假冒行为。

5.3 天阗威胁检测与智能分析系统

5.3.1 产品简介

由北京启明星辰信息安全技术有限公司研发、生产的天阗威胁检测与智能分析系统 V7.0，是软硬件相结合的百兆、千兆、万兆级网络型入侵检测系统。该产品由管理控制中心（软件）和网络探测引擎（硬件）组成，采用 B/S 方式管理，能够实时监控网络入侵和攻击行为，并提供相应的报警响应机制及报告、统计功能。

5.3.2 产品实现关键技术

1. 自身安全性

1）无超级用户权限

在天阗威胁检测与智能分析系统中，不存在一个拥有全部权限的超级用户，避免因为某一用户/口令的泄露而导致系统被人控制。

2）多身份鉴别认证

在某些环境中，除了使用用户名/口令的认证方式外，天阗威胁检测与智能分析系统还提供了硬件认证方式，用户可以使用 IC 卡、加密狗等硬件存储设备来实现认证。

3）带外管理部署方式

控制中心与所探测网段可以实现隔离部署，保证控制中心的自身安全管理。

4）加密的通信方式

控制中心与探测引擎通信加密，探测器和控制中心互相认证，防止欺骗，防止日志、策略在传输过程中被篡改。

5）网络接口隐身技术

探测引擎检测网口无 IP 地址，入侵者无法对消失在网络中的目标进行扫描和攻击，这样在网络中实现自身隐藏及带外管理；管理网口不开放额外连接端口，提高自身的隐藏性。

6）优化的系统内核

探测引擎操作系统内核重新编译，并经过了特别的优化，不采用通用的 TCP/IP 堆栈，避免通用 TCP/IP 堆栈的缺陷导致的安全漏洞。

7）动态口令管理

使用 SSL 或超级终端登录探测器时，需要使用动态口令，以避免权限的泄露。

8）Watchdog 监视

探测引擎具有 Watchdog 功能，确保系统的长期稳定运行。

2. 完善的管理控制体系

1）多层分级管理

天阗威胁检测与智能分析系统可灵活设置成与行政业务管理流程紧密结合的集中监控、多层管理的分级体系。通过策略下发机制，使上级部门能够统一全网的安全防护策略；通过信息上传机制，使上级部门能够及时了解和监控全网的安全状态。

2）灵活的更新和版本升级

天阗威胁检测与智能分析系统支持手动和自动的特征更新和软件版本升级，也可以在分级管理体系下由主控统一来完成。天阗的探测引擎同时支持通过 USB 口进行升级。

独立的升级管理中心，对控制台软件、探测器软件的升级都仅需一次点击，极大地简化了网络管理员的工作。

3）全局预警

在天阗威胁检测与智能分析系统的多层分级管理体系下，可以实现把单点发生的重要事件自动预警到其他管理区域，使得各级管理员对于可能发生的重要安全事件具有提前的预警提示。

利用全局预警通道，各级管理员也可以发送交互信息，交流对安全事件的处理经验。

4）严格的权限管理

天阗威胁检测与智能分析系统可以设定多种分类权限供不同的人员使用，支持更为严格的多鉴别身份认证方式。同时，在产品部署上支持事件监测、事件分析及管理配置分布部署，从物理角度保证管理安全。

5）时钟同步机制

天阗威胁检测与智能分析系统支持 NTP 服务进行时间同步，保证跨时区的部署条件下也能保持管理时间的一致性。

6）支持多报警显示台

天阗威胁检测与智能分析系统提供了良好的多点监测机制，允许挂接多个报警显示中心，方便多个管理人员进行有效的报警观测。

7）数据库维护管理

天阗威胁检测与智能分析系统支持多种数据库：MSSQL、Oracle 等，提供数据库维护管理功能，支持快速入库，可以对历史数据进行自动和手动的备份、删除操作，还可以导入历史的备份数据。

8）可扩展到入侵管理

天阗威胁检测与智能分析系统可以实现多种安全产品：网络入侵检测、流量监测、漏洞扫描、主机入侵检测的统一管理和协同关联。

3. 全面的入侵检测能力

1）多种技术结合防止漏报

（1）采用引擎高速捕包技术保证满负荷的报文捕获。

（2）采用的高速树型匹配技术实现了一次匹配多个规则的模式，检测效率获得成倍的量级提高。

（3）采用了 IP 碎片重组、TCP 流重组及特殊应用编码解析等多种方式，应对躲避入侵检测系统检测的手法，如 Whisker、Fragroute 等攻击方式。

（4）拥有业界最为全面和更新速度最快的特征库，能够对通用的攻击方法和最新的流行攻击手段进行报警。

（5）采用预制漏洞机理分析方法定义特征，对未知攻击方式和变种攻击也能及时报警。

（6）采用行为关联分析技术，可以发现基于组合行为的复杂攻击。

2）多种措施降低误报

（1）基于状态的协议分析和协议规则树，保证特征匹配的准确性。

（2）基于攻击过程的分析方法定义特征，可以识别攻击的状态，提供不同级别的事件报警信息。

（3）通过采集和关联攻击发送方和被攻击目标的信息，可以对成功或失败的攻击事件给出明确标识。

（4）通过支持入侵管理，可以结合漏洞扫描结果来评估威胁的风险级别。

3）多种机制限制滥报

（1）内置了状态检测机制，可以识别和处理类似“STICK”等的反入侵检测系统攻击，有效地避免事件风暴的产生。

（2）提供了多种可选的统计合并技术，可以对同一事件采用合并上报，减少报警量。

4）自定义入侵检测规则

提供规范化的 VT++语言和向导定义模式，帮助用户自定义检测模式，扩充检测范围。

5）全面兼容 CVE 和 CNCVE 标准

通过了 CVE 严格的兼容性标准评审，并获得最高级别的 CVE 兼容性认证（CVE Compatible），在入侵检测系统知识库上得到国际权威组织的认可。同时，天阗也具有标准的 CNCVE 的对照。

4. 自适应检测策略管理

天阗威胁检测与智能分析系统提供多种不同分类方式的系统策略集，可以针对不同环境、不同应用及关注目标选取最合适的检测策略。

天阗威胁检测与智能分析系统提供向导方式、已有策略集之间逻辑操作和在系统策略集上衍生等多种方式，方便用户自定义最佳使用的检测策略集，并支持策略集的导入和导出。

天阗威胁检测与智能分析系统提供了灵活的策略编辑方式，确保用户在最短的时间内调整自己所需要的策略。

天阗威胁检测与智能分析系统提供了动态策略调整模式，可以根据预设的事件发生频率来动态调整策略中应用的响应方式、合并条件及过滤条件，从而减少报警日志量或者自动对高级事件调高相应级别。

天阗威胁检测与智能分析系统持虚拟引擎的划分，可以为不同网络对象制定适应性的检测策略，实现有效的入侵检测。

5. 线速级的高性能处理

攻击特征流采用统一的 100 种标准的不同攻击样本，目标机器配置多种网络服务。网络背景流量采用专用发包设备来制造，以 0 背景流量为基准，测试入侵检测系统在不同的流量环境（包长）和不同连接背景下的检测能力。

5.3.3 产品特点

天阗威胁检测与智能分析系统和传统的入侵检测系统相比，具有如下几个显著的特点。

（1）将不同的安全产品在统一的管理控制中心采用拓扑化方式进行集中管理和配置，完成安全策略的制定和分发，综合显示多样化的检测信息，引导入侵管理向平台化方向发展。

（2）引入的集中监管、分级部署的多级管理体系全面符合中国国情的行政业务的管理模式，真正实现分布式产品的结构统一协调管理，建立安全信息的全局预警机制。

（3）利用基于攻击特征或漏洞机理的分析，提取出网络流量中不同类型的恶意流量大小和比例，建立全局的异常流量监测体系，和网络入侵检测紧密配合，从宏观和微观两个层面来了解网络安全状况和威胁态势。

（4）利用 IP 定位和图形化的表现方式，使得条目式网络入侵事件以形象的可视化方式显现出来，提高对入侵事件的定位能力和响应速度。

（5）深入挖掘不同安全产品的内在相关性，采用协同关联技术，加强安全产品之间的优势互补，提高安全产品协同作战能力。

（6）采用规范化的通讯结构，可以实现管理体系的全面升级和扩容，并支持 SOC 更高层次的安全管理。

5.4 KILL 入侵检测系统

5.4.1 产品简介

由北京冠群金辰软件有限公司研发、生产的 KILL 入侵检测系统 V4.0.2.0，是一款软硬件相结合的网络型入侵检测系统。该产品由硬件的探针和软件的管理控制台组成，通过截取网络数据包进行分析并发现攻击行为特征，将数据发送到管理控制台。管理控制台将数据与攻击行为特征进行匹配并报警、记录。

5.4.2 产品实现关键技术

1. 基于状态的应用协议分析技术

KILL 入侵检测系统采用基于状态的应用层协议分析技术，通过对已知协议和 RFC 规范的深入理解，能准确跟踪网络连接的会话，实现准确、高效的网络检测。通过分析数据包的结构和连接状态，检测可疑连接和事件，可准确、高效地识别各种已知攻击。同时根据系统协议分析的算法，Sensor 拥有检测协议异常、协议误用的能力，极大地提高了检测的效率，扩大了检测的范围。KILL 入侵检测系统目前支持 Telnet、FTP、HTTP、SMTP、SNMP、DNS 等 30 种主流应用层协议。

Sensor 捕获数据包后，将数据送到 IP 及 TCP 层，在这一层上，Sensor 采用了完整的状态追踪技术，在 IP 分片重组、排序及 TCP 流重组的基础上，完整记录和保持 Session 的发起、建立和结束等状态，同时记录序列号并进行协议状态检测分析，确保不会受到入侵检测系统躲避技术的欺骗。

采用这种先进的检测技术，使它具有了明显的优势：

（1）分析已知通信协议，将获取的网络数据与签名库进行精确的特征匹配，在处理数据帧和连接时更加迅速准确，降低了误报的可能性。

（2）能够关联数据包前后的内容，对孤立的数据包不进行检测，这和普通入侵检测系统检测所有数据包有着本质的区别。一方面因为这种检测机制的高效性降低了系统在网络探测中的资源开销，大幅度提高了检测性能；另一方面因为在命令字符串到达操作系统之前，模拟了它的执行，以确定它是否具有恶意，有效减少了误报。

（3）具有判别通信行为真实意图的能力，它不会受到像 URL 编码、干扰信息、IP 分片等入侵检测系统规避技术的影响。

2. 详细准确的特征库

KILL 入侵检测系统入侵特征库为用户提供了详细的参数配置，通过参数的设置和调整，用户可以得到非常准确的报警信息，同时也使用户非常容易地去定义或者修正这些参数。例如：

（1）可详细检查各种网络协议状态的文件名，分析当前的 FTP、AIM、WWW、SMB、SMTP 和 TFTP 等多种协议的文件传输。如果认定恶意文件，策略记录并报警。

（2）定义合法流量或监视违反安全策略的流量设置。可自定义类似防火墙规则或路由器的访问控制列表（ACL），如 IP 源/目的地址、TCP 或 UDP 源/目的端口、ICMP 代码或类型。当 TCP、UDP 或 ICMP 流量符合特定特征时产生警报。

（3）KILL 入侵检测系统除了采用事件归并达到减少显示外，还可以定义签名策略抑制告警洪波，避免相同的攻击影响 Sensor 对信息的安全分析处理，这样可以预防 DoS 攻击和蠕虫能够导致大量告警。例如，相同的告警超过阈值会被定义为告警洪波事件，以后该告警将会被抑制。

（4）可自定义可疑网址访问告警配置，用户可以自定义对某些网站访问的监控事件。

（5）自定义网络中 TCP 连接的超时等待时间，防止入侵检测系统被拒绝服务攻击。可通过自定义配置入侵检测系统的超时，防止无用垃圾信息或者恶意攻击对入侵检测系统的性能造成影响。

3. 智能 IP 碎片重组技术

基于目标操作系统指纹识别的智能 IP 碎片重组技术采用先进的、更加隐蔽安全的被动探测工作方式来探测分析目标主机的操作系统，并根据探测结果采用针对性的 IP 碎片重组技术，在避免误报和漏报的同时，极大地提高了 IP 碎片重组的速度，从而提升了引擎的性能。

4. 多端口智能关联分析技术

KILL 入侵检测系统支持多端口检测和关联分析技术，可同时监听多个网络。采用这种技术可以保证即使部署在复杂的、高冗余要求的网络环境中，KILL 入侵检测系统仍然可以准确高效地进行工作，在不对称路由网络环境中也可完整进行状态的追踪。

5. 反入侵检测系统逃避能力

KILL 入侵检测系统可以检测攻击者的一些逃避技术，如 Hex、Unicode、空格等。

HTTP 允许 Hex 等同于一个可印刷 ASCII 字符使用一种特定格式列出，如"%20"把 HTTP Hex 字符等同于一个空格。实际上，"%20"在 URL 中常常使用，代表路径名或文件名中的空格。这种使用是完全合法的——在 URL 中使用 Hex 编码没有错。网络服务器，如 Microsoft IIS 知道 Hex 编码，并在处理 URL 时进行适当的解码。

为辨认通过 Hex、Unicode 编码造成迷惑攻击，在查找内容之前，对它们实施解码。例如，入侵检测系统先将"script%73/iisadmin"解码成"scripts/iisadmin"，然后对该字符串进行分析，并决定生成怎样的警报。由于我们的签名不是执行简单的文本匹配，而是提供一个优越的攻击特征签名方案。

6. 鉴别非标准通信协议

KILL 入侵检测系统的签名使用状态协议分析，它可用来辨认非标准通信——不符合某端口预期协议的通信。例如，我们预期在端口 80 看到 HTTP 通信。然而，一些人故意配置其他非 HTTP 协议来使用端口 80，通常这是因为端口 80 通信是很多防火墙都允许通过的。在很多环境下，这种使用是对安全策略的违背。

标准入侵检测系统攻击特征签名技术不能辨认非 HTTP 通信流，但基于状态协议分析的攻击特征签名可以轻松做到这一点。可以发现并报告可能导致严重安全漏洞的协议违反行为。协议攻击特征签名设置不仅基于 RFC 常用协议的标准，还基于违反 RFC 协议标准所建立特殊应用。

7. 硬件加速包截获技术

在整个体系架构中，Sensor 在底层采用硬件加速包截获技术，通过硬件加速，大幅度提高了监听网卡的抓包能力，保证了信息收集的完整。

8. 可自定义的行为描述代码

KILL 入侵检测系统使用一种独特、高效的"行为描述代码"创建签名，用户在已有入侵特征库和策略模型基础上，通过"行为描述代码"创建符合企业自身特点的特征签名，扩大检测范围，个性化入侵检测系统。例如，Pingflood 策略包含行为描述代码，并告诉传感器引擎：在某时间，如果向某特定 IP 地址发送了超过一定量的 ping 包，便需向管理员发送警报。

5.4.3 产品特点

1. 全面应对各种入侵攻击

KILL 入侵检测系统具备网络入侵检测能力，支持对各种复杂的网络攻击行为进行监测。例如，预攻击探测、口令猜测、拒绝服务攻击（DoS/DDoS）、缓冲区溢出攻击、CGI/WWW 攻击、Windows 系统漏洞攻击、Unix 系统攻击、特洛伊木马活动、蠕虫/病毒传播、常见 P2P 软件活动、OSFingerPrint 识别、对 FTP/WWW/SMTP/SMB/NNTP/NDMP/SIP 等常见协议的兼容性检测、非法访问行为、对用户定义网络连接事件的检测、支持对用户自定义签名的检测，等等。

2. P2P、IM 流量监控

P2P 和 IM 类软件近年来得到了广泛的应用，在得到了便利的同时，P2P 和 IM 软件的弊端也逐渐显露出来。BT、eMule 等 P2P 软件对网络带宽资源的占用非常大，可以轻易地占据 80%的企业网络出口带宽，KILL 入侵检测系统可以检控网络上常见的 P2P 程序和 IM 程序，充分保障企业正常业务运行。

3. 基于漏洞的蠕虫检测

KILL 入侵检测系统不但可以通过签名进行蠕虫检测，在对未知蠕虫的检测方面，它对流量异常进行统计分析外，更重要的是利用了系统和软件的漏洞进行检测。因此，KILL IDS 基于漏洞的检测保证了检测的准确性，同时也为用户加固系统提供了有力的帮助。

4. 实时检测和响应

KILL 入侵检测系统提供了丰富的响应方式，如控制台警告显示、记录日志、电子邮件通知、发送 SNMP 网络通知消息、自动阻断攻击、执行用户自定义响应程序等。

KILL 入侵检测系统还支持 OPSec 协议或提供接口的方式与防火墙联动。当 KILL 入侵检测系统检测到异常事件时，向防火墙发送控制指令，自动配置防火墙状态，动态控制网络数据。

5. 同类事件归并

KILL 入侵检测系提供同类事件归并功能。用户可事先设定归并策略，当发生同类事件时，进行归并报警，提高安全审计的信噪比和效率。

6. 多种策略模板

KILL 入侵检测系统根据监测网络的特点，提供网络攻击安全策略、Internet 安全策略、DMZ 安全策略、Web 访问安全策略、Windows 环境策略、会话解码安全策略等一系列策略模板，供用户使用。此外，用户还可以根据实际情况自定义安全策略，策略可以导入导出，便于维护。

7. 支持分布式部署

KILL 入侵检测系统采用先进的多层分布式体系结构，包括控制台、事件收集器、传感器，这种结构能够更好地保证整个系统的可生存性、可靠性，也带来了更多灵活性和可伸缩性，适应各种规模的企业网络的安全和管理需要。

8. 高性能

KILL 入侵检测系统采用高效的入侵检测引擎，综合使用虚机解释器、多进程、多线程技术，配合专门设计的高性能的硬件专用平台，能够实时处理高达千兆的网络流量。

9. 高可用性

高可用性 KILL 入侵检测系统的所有组件都支持 HA 冗余配置，保证提供不间断的服务。KILL IDS 的控制台、事件收集器、网络传感器之间的通信都是加密认证的。KILL 入侵检测系统至少配置两块网卡，一块网卡用来监控本地网段，另一块用来和控制台通信。用于监控的网卡工作在混杂模式，并不绑定任何协议，可以做到透明监控。此外，KILL 入侵检测系统内各组件通过加密通道进行通信，防止窃听。

5.5 网威网络入侵检测系统 NPIDS

5.5.1 产品简介

由北京中科网威信息技术有限公司研发、生产的网威网络入侵检测系统 NPIDS 系列，是一款网络型入侵检测硬件产品。该产品通过 Web 进行管理。该产品支持集中监管、分级部署的分布式多级管理方式，采用基于状态的协议分析、入侵特征描述语言、特征分析和提取等技术，实时监控各种数据报文以及来自网络外部或内部的多种攻击行为，并提供相应的报警响应机制及报告、统计功能。

5.5.2　产品实现关键技术

1. IPv6/IPv4 双协议栈引擎

现阶段，中央企业及地市级以上政府外网网站系统、部分高校、电信运营企业已基本支持 IPv6，目前我国互联网处在 IPv4 和 IPv6 共存阶段。网威网络入侵检测系统 NPIDS 系列采用 IPv4/IPv6 双协议栈引擎，智能识别 IPv4 和 IPv6 数据报，能同时检测 IPv4 网络和 IPv6 网络中的恶意入侵行为，满足用户 IPv4 到 IPv6 过渡阶段的网络安全检测要求。

2. 攻击识别能力

网威网络入侵检测系统NPIDS系列采用领先的基于应用层协议分析的入侵检测技术，根据各种典型应用的具体协议对网络数据进行分析、检测，能够识别各种伪装或变形的攻击，降低了漏报率和误报率。

除了采用碎片重组、流重组等检测技术外，网威网络入侵检测系统 NPIDS 系列还在应用层针对特殊服务做了特殊编码还原/协议分析处理，使一些 IDS 规避攻击、特殊编码变形攻击等违反安全策略的恶意行为能够被检测。

3. 智能学习型入侵检测系统

一般入侵检测系统采用特征码匹配的入侵检测模式，其误报、漏报率高是个无法避免的现实问题。网威网络入侵检测系统 NPIDS 系列引入人工智能技术，通过学习分析安全工作环境中的网络数据报，创建多维数学模型。而后部署在有安全威胁的实际工作环境中的入侵检测系统，根据已创建的数学模型，从多个维度综合分析采样数据报和数据流，智能识别各类违反安全策略的恶意攻击行为，过滤无效报警信息，最大限度地降低误报、漏报率。

5.5.3　产品特点

1. 工业控制系统安全检测能力

网威网络入侵检测系统 NPIDS 系列针对我国广泛运用于工业、能源、交通、水利及市政等领域的工业控制系统所面临严峻的网络安全威胁，通过对工业控制系统专有协议（如 Modbus/TCP、DNP、ICCP、MMS 等）深度挖掘分析，检测隐藏在工业控制系统中违反安全策略的行为。

2. 高性能入侵检测引擎

网威网络入侵检测系统NPIDS系列通过深度优化检测匹配算法和报警事件处理算法，打破业内规则库不能超过3000条，不会影响性能的禁条，使得引擎可以采用更多更全面的覆盖各类木马、后门、间谍软件等的特征规则库进行入侵检测分析。

3. 避免报警风暴能力

网威网络入侵检测系统 NPIDS 系列对高频度发生的相同安全事件进行合并报警，极大降低系统引擎和通信网络的负载，避免报警风暴的发生。

4. 增强的系统安全和抗攻击能力

网威网络入侵检测系统NPIDS系列网络引擎运行于安全操作系统并经过严格配置。网络引擎具备管理微内核，采用管理子系统和入侵检测子系统入口隔离（入侵数据报检测入口无IP）的工作方式，使系统自身的安全性和抗攻击能力得到增强。当针对系统的拒绝服务攻击发生时，采用的重复事件过滤技术和其他监控手段，把攻击行为的影响降到最低。同时对于网络中断等异常情况采用了智能控制技术，确保引擎稳定运行，报警不致丢失，当网络通信恢复后能够及时显示。

网威网络入侵检测系统NPIDS系列采用加密认证的通信协议通道，确保系统通信安全。

5.6 锐捷入侵检测系统 RG-IDS

5.6.1 产品简介

由北京星网锐捷网络技术有限公司研发、生产的锐捷入侵检测系统 RG-IDS（千兆）/V7，是一款由控制台、事件收集器、SQL Server 数据库、日志服务器及传感器组成的软硬件相结合的网络型入侵检测系统。该产品以旁路方式接入网络，以控制台方式进行管理，利用传感器对网络数据包进行实时监测，通过事件收集器集中管理传感器以及收集上传来的入侵事件报警数据，并由日志服务器产生相应的审计日志。

5.6.2 产品实现关键技术

锐捷网络入侵检测防护系统从软件整体技术上考虑，运用了一些关键性的技术，使得产品能符合总体设计原则和思路，总结如下。

1. API 技术

从上述设计思路中可以看出，设计的起点就是模块化的结构，为了降低模块间的耦合度，采用了 API 的技术。例如，处于中间层的共享内存的访问控制部分，提供了一组专用的 API，使各管理和控制方面的应用模块均通过共同的 API 实现对底层核心功能的使用。这样的实现手段使应用层相对独立，不会依赖于核心部分，也使应用层的模块和功能更具稳定性和可移植性，核心功能的改变和增强，只需修改 API 部分。这使锐捷网络入侵检测防护系统产品系列化过程得到有效的保障。

2. 共享内存访问控制技术

在锐捷入侵检测系统 RG-IDS（千兆）/V7 的设计中，将各模块有机地结合并运行起来的核心实现技术为共享内存技术。

ListTrust 入侵检测防护系统的配置信息存放在共享内存中，通过信号量控制多个进程同时共享访问，但需要进行协调，采用的是带冲突检查的争用协议，具体如下。

同时只能有一个进程访问共享内存。

每个进程都保留共享内存的一个副本。

配置信息有版本号(Revision)，每修改一次，版本号加一。

当进程要修改共享内存时，要比较自己的版本号和共享内存的版本号，若一致方可修改，否则说明有另外的进程已抢先修改了共享内存，系统将返回修改失败，不论是否成功修改共享内存，进程中保留的副本都将更新到最新版本。

当系统因冲突而返回失败时，用户进程应列出新版本的规则表，并提示用户重新发出该条命令（但需注意，有的命令是序号相关的，新的规则表中的序号可能已发生变化）。

共享内存技术在实现上也采用模块化结构，是相对独立的一个模块，对外提供一个全局变量、初始化函数和添加、修改、删除等函数。每个进程启动时，应先调用这两个公共函数来得到 IPC 资源和提取共享内存副本。

3. Esafelink Protocol 协议

锐捷入侵检测系统 RG-IDS（千兆）/V7 的一个最有特色的功能就是与锐捷网络安全管理平台的互操作功能，而实现这一功能的主要技术点在于入侵检测防护系统与上述两个产品间的接口设计。为此设计了专用的 Esafelink Protocol 协议，简单来讲就是基于 HTTP+SSL+XMLRPC 的协议形式。虽然是专用的协议，但其优点如下。

（1）封装形式标准。不用自定义协议格式，而是利用了 HTTP 通用的协议进行封装，减少了自定义协议带来的不全面和不安全的风险。

（2）协议解析简单。不需要专用的协议解析模块，通信双方对于需要实现的功能，通过 RPC 调用，并以标准的 XML 进行封装。

（3）可扩展性好。对于任何与锐捷网络安全管理平台通信的产品部件，只需要它提供 API，利用 Esafelink Agent 调用 API，通过 Esafelink Protocol 即可实现与安全管理平台的通信。

4. 共享内存数据结构算法描述

由于共享内存的特点，锐捷网络共享内存中的数据一般是以数组形式存放的，根据不同的数据类型，采用不同的存放数据的算法，以提高查询效率。算法分为如下两种。

1）基于 Max 的结构

对于对象和组的存放，采用基于 Max 的算法。

这类结构包括：NetObj、NetGrp、UsrObj、UsrGrp、SvcObj、SvcGrp。

它们的特点是都要被其他结构以 id 形式引用，决定其存放算法要考虑到：

（1）通过 id 查找时，要能迅速定位到该 id 引用的对象；

（2）遍历时要尽量减少循环的次数。

要实现第一点，最快的方法就是使 id 基于数组下标，产品采用的算法是 id=idx+1，其中 idx 为数组下标，为了方便以后改变 id 和 idx 对应算法，使用宏定义上述算法：

```
#define LTIDX2ID(idx) ((idx)+1)
#define LTID2IDX(id) ((id)-1)
```

避免使用为零的 id，是因为 id 字段为零用来标识该数组元素当前的状态为未使用。当用户删除一个对象时，为了提高效率，产品只是简单地将该对象对应的 id 清零。

实现第二点的方法非常简单，就是定义一个 Max 变量来记录当前数组中存放的有效元素的最大下标，这样产品遍历对象构造 for 循环时就可以只循环到该 Max 值，而无须查找整个数组。

2）基于 Count 的结构

这是通常采用的数组存放算法，它的特点是数组中有效的元素是数组的前 Count 项，这种算法构造简单，但删除和插入的要大量移动相应项之后的数组元素，尽管可以采用比较快的函数(memmove)来操作，但效率还是成问题，有多种原因仍使用该算法：

（1）数组项数很小的结构，如 LogHosts、AdminHosts、SnmpHosts、Routes、Dnss 等；

（2）项数较小的无序结构（元素次序无关），这样的结构没有插入操作，只有添加操作（添加的元素只加到最后），如 Dmzs、Vpns、Nat11、NatN1 等；

（3）项数较大，但一般只添加，不会经常有删除操作的结构，如 BlackHole 等；

（4）有序结构，如 Policies，虽然项数较大，但由于其有序性，只能采取此算法。

5. 操作系统固化（CDROM 启动方式）

要将一个系统压缩为 1～2M 大小，就需要对操作系统及入侵检测防护系统的核心软件进行合理的裁剪和设计，即系统的小型化，在设计中采取以下技术：

（1）将操作系统精简，去掉所有不必要的内容。

（2）将系统划分为引导部分以及 ad0a 和 ad0f 两个文件系统。

ad0a 文件系统存放 kernel 映像压缩文件、加载程序及其配置。只在系统升级时，或用户在配置界面指定启动新的内核版本时进行读写安装。之后即将 kernel 映射到内存空间运行。

ad0f 文件系统保存用户的入侵检测防护系统配置、Web Server 证书等。在系统启动时进行只读安装（在 rc 脚本中），并在完成入侵检测防护系统配置文件复制后卸下。只有在用户保存配置或上传新 Web Server 证书时，先进行读写安装，操作完成后即卸下。这样的设计，也保证了系统的安全性。

5.6.3 产品特点

1. 安全认证

GMC 的安全认证包括两方面的内容：

（1）Console←→CMS←→Sensor 这三者之间的安全认证；

（2）Console 端与用户登录及其操作权限的安全认证。

1）Console←→CMS←→Sensor 这三者之间的安全认证

在锐捷网络入侵检测防护系统中，Console、CMS、Sensor 之间的安全认证是采用基于 PKI 的技术来实现的。在安装 Console 时，系统生成公私密钥对。

Console 的公开密钥信息：rs_con_主机名_用户名.239.pubkey。

Console 的私有密钥信息：安全保存。

在安装 CMS 和 Sensor 时，系统同样需要生成公私密钥对，同时将公开密钥信息 rs_*_public 发布给系统的其他各个“部件 Component”.这样每个“部件 Component”就可以与系统其他各个“部件 Component”安全通信了。

例如，Sensor 拥有 Console 和 CMS 的公钥信息。

当 Sensor 需要与 CMS 进行通信时，Sensor 只需要利用“CMS 的公钥”将需要传输信息 E(m)进行加密 e=E(m)，然后就可以传给 CMS。CMS 接收到信息后，利用自己的私钥就可以将信息解密 m=D(e)=DE(m)。以此类推，系统之间就可以进行会话密钥的协商和安全通信。

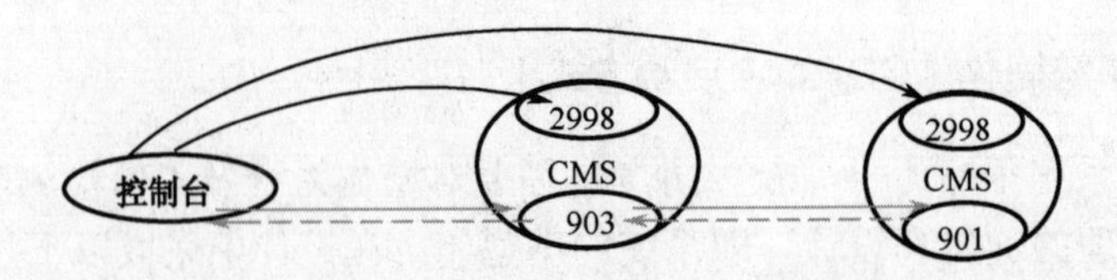

图 5-3 典型入侵检测系统体系结构示意图

在图 5-3 所示的体系结构中，Console 需要保存 CMS 和 Console 的公钥信息，既可以直接管理 CMS，也可以直接管理 Sensor。图 5-4 所示的体系结构中，Console 只需要保存 CMS 的公钥信息，不能直接管理 Sensor，而只能通过 CMS 才能达到对 Sensor 的间接管理。

图 5-4 锐捷入侵检测系统体系结构示意图

2）Console 端与用户登录及其操作权限的安全认证

用户在登录 Console 时，需要经过系统的安全认证。例如，我们可以采用[user、Hash（username、password）]的方式与数据库内容进行认证，根据用户的登录信息决定用户的角色和权限。

2. 策略与响应配置

在 GMC 各功能模块的实现中，策略和响应的管理配置是 Console 的核心功能，如图 5-5 所示。

策略的管理配置

策略的形式

策略是对每一个系统的 Sensor 定制的过滤规则的集合，每个 Sensor 的策略可以有一种，也可以有多种。策略的具体形式是以策略文件表现出来的。

策略的模板

在系统初次安装完毕，系统会产生一系列的策略模板，每个模板其实就是一个默认策略，其内部定制了一些标准的规则，用户可以根据策略的模板衍生出自己的新策略，但策略模板的内容用户是没有权力修改的。用户可以增加、删除、修改自己定制的策略，并下发到各个 Sensor 上。

策略的流向与控制

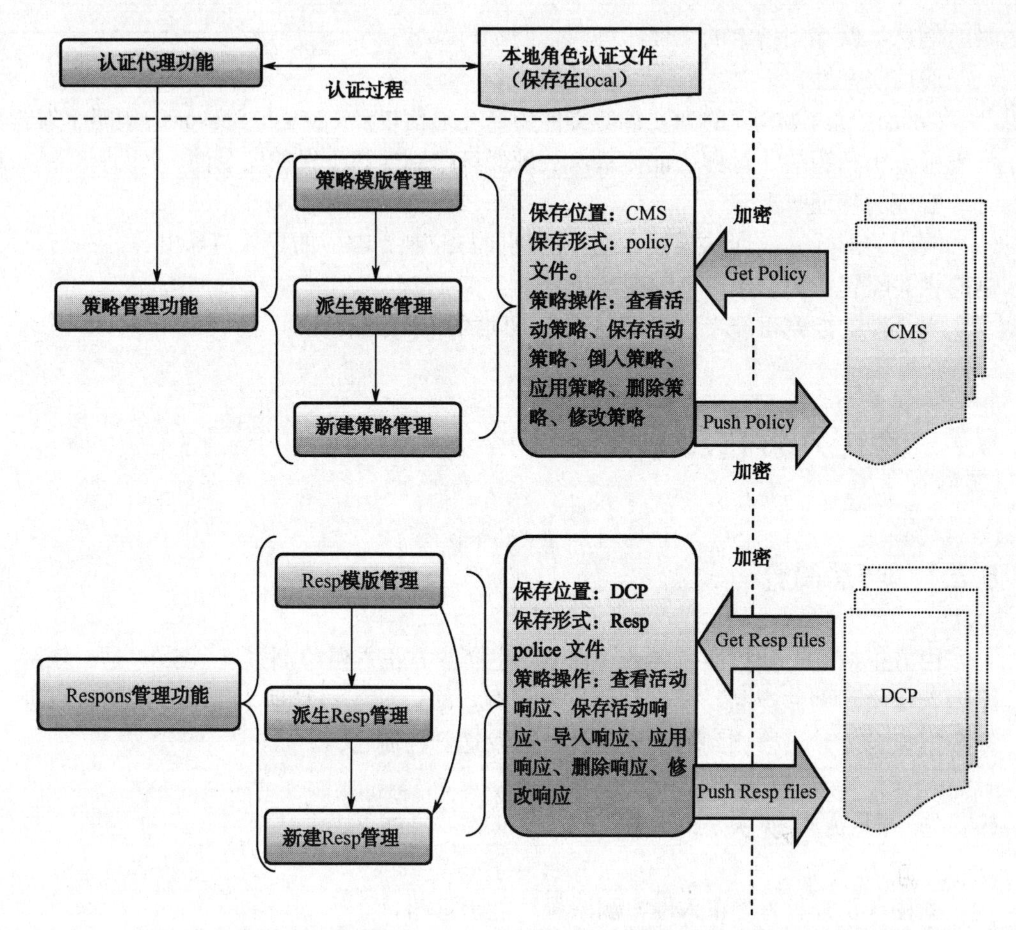

注：Console 以文件（或 DB）的形式在本地保留每个 CMS 的策略列表和响应列表，具体策略和响应配置文件保存在 CMS 上。

图 5-5　锐捷入侵检测系统策略和响应的管理配置示意图

策略的模板及用户自己定制的策略，都是以策略文件（如××××.policy）保存在 CMS 上的。在 Console 上保存其所控制的 CMS 下所有 Sensor 的策略文件的列表，并标识各个 Sensor 当前有效的策略。当用户编辑某个 CMS 下某个 Sensor 的策略时，Console 从 CMS 将该策略的详细信息提取上来，编辑完毕后再推到 CMS 上，如果该策略又被应用到其下属的某个 Sensor 上时，则该策略在 Console 端的列表中被表示为当前策略（有效）。

策略的导入与导出

策略支持从文件的导入与导出。导入策略同策略的创建，从文件中读出策略内容到临时文件，读完毕后，将临时文件的内容推到 CMS 上，生成一条新的策略，同时更新 Console 的策略列表，删除临时文件。导出策略时，先从 CMS 提取要导出策略的信息，保存到指定的文件即可。

通信安全性

Console与CMS间的POLICY文件的交互通信以及CMS与Sensor的策略下发，都采用公钥私钥的非对称认证体系，故确保策略制定和下发的安全性。

响应的管理与配置

响应的形式、响应的模板、响应的流向与控制、响应的导入与导出等，都与策略的相关配置相同。

安全性的控制可能考虑采用与策略不同的加密算法。

5.7 方正入侵检测系统

5.7.1 产品简介

由方正信息产业控股有限公司研发、生产的方正入侵检测系统 V5.0，是一款网络型入侵检测硬件产品。该产品通过专用客户端远程连接管理，使用专用监听口进行数据抓包，并将检测到的入侵事件日志发送到控制台。

5.7.2 产品实现关键技术

如图5-6所示为方正入侵检测系统功能示意图。

1. 零拷贝技术

通常情况下，网卡驱动程序在内核空间的 DMA 缓冲空间保存所接收到的数据报文，而入侵检测引擎工作在上层的用户空间，因此无法直接访问内核空间中的数据，需要通过系统调用将网卡中的数据包拷贝到用户层缓冲空间之后再去读取。而在这些过程中将会频繁发生CPU中断而影响整个IDS系统的性能。

但是经过重写网卡驱动程序，使得网卡驱动程序与上层系统共享一块内存区域，网卡从网络上捕获到的数据包直接传递给入侵检测系统，这个过程避免了数据的内存拷贝，不需要占用 CPU 资源，最大限度地将有限的 CPU 资源让给协议分析和模式匹配等进程利用，提高了整体性能。同时将通过用户空间中的大量的内存空间映射到内核层的DMA缓冲空间，从而使原本有限的DMA缓冲空间得到有效的扩展，解决高峰期因缓冲空间有限发生丢包的问题。

如图5-7所示为零拷贝技术示意图。

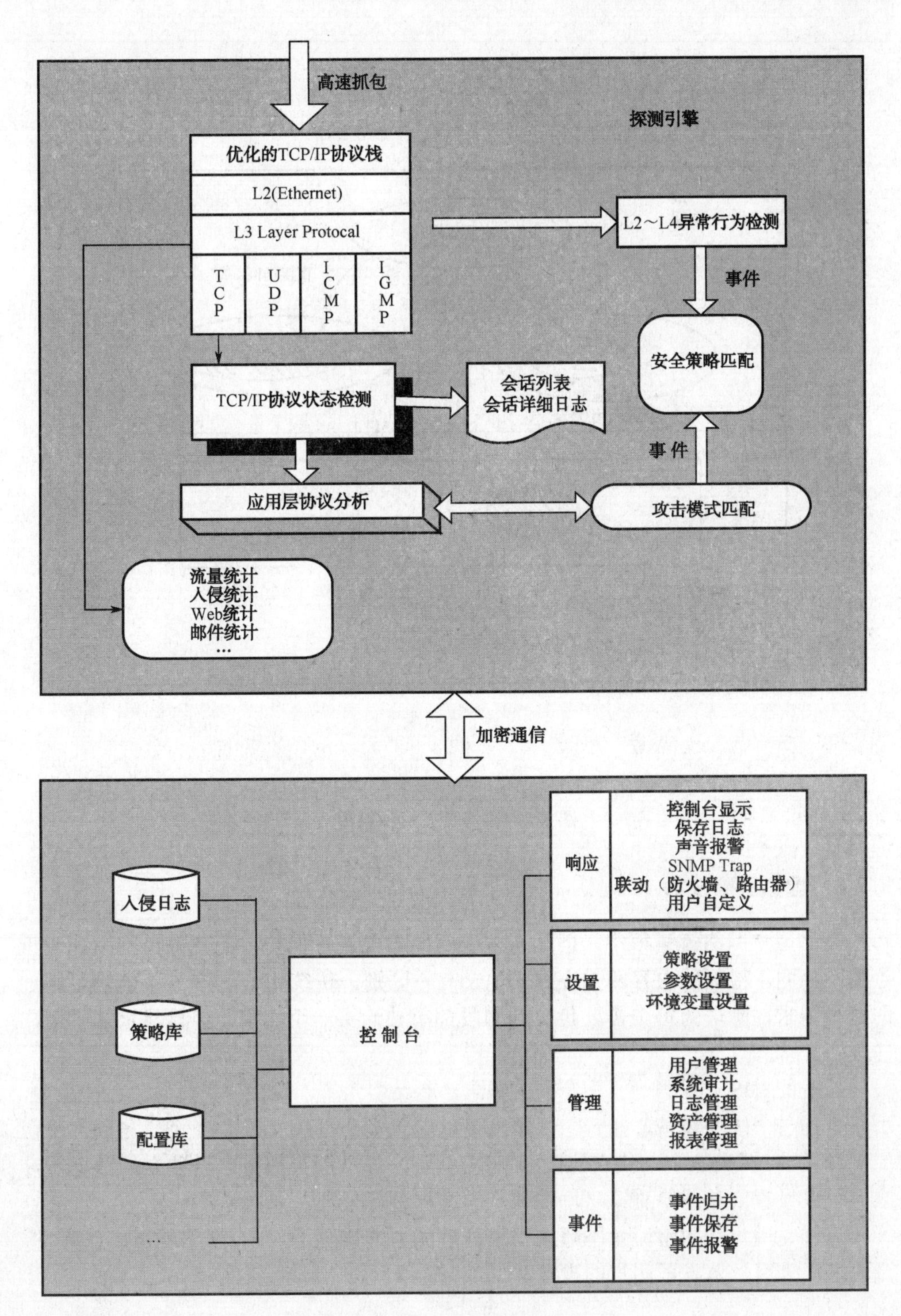

图 5-6　方正入侵检测系统功能示意图

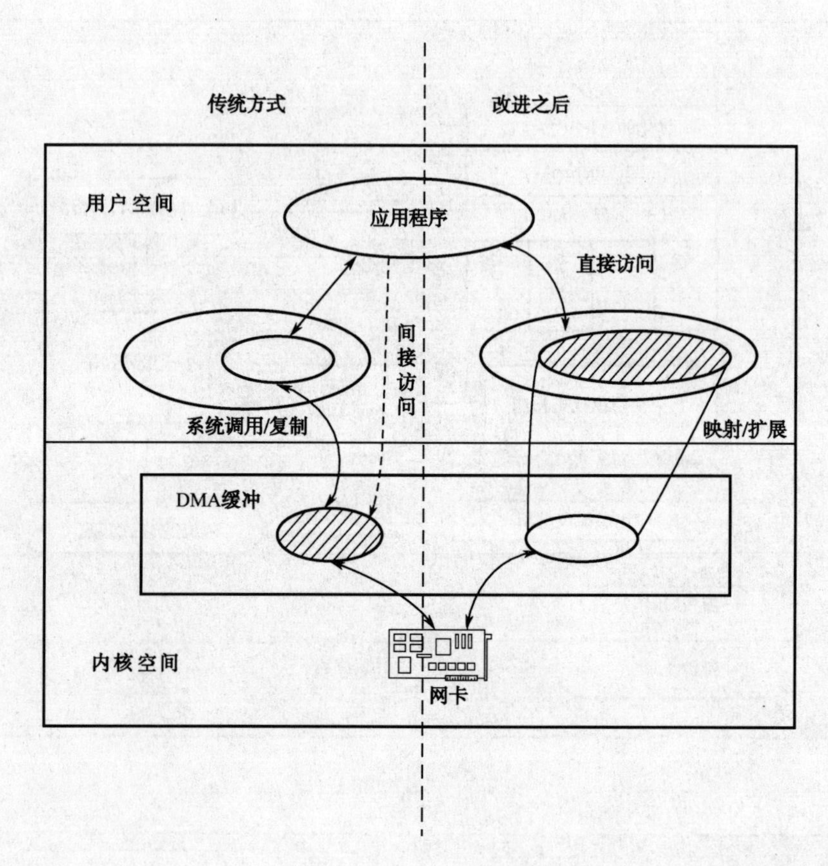

图 5-7 零拷贝技术示意图

2. 虚拟引擎技术

有的用户网络流量很小，但是有多个网段需要进行保护，而且每个网段的侧重点都不相同，检测的内容和响应方式也会有所区别。传统的 IDS 产品不能满足用户的这种需求，除非为每个需要包含的网段都单独购买一个引擎，但显然增加了用户的投资。

传统的 IDS 产品只有“引擎”的概念，产品引入了“探头”的概念。在产品中，引擎是指一个硬件设备，在一个引擎上可以配置多个探头（最多 4 个，与硬件平台配置相关），探头是一个独立的检测/响应单元，每个探头都有自己独立的数据缓冲区，可以设置单独的检测策略，由独立的进程进行处理，如图 5-8 所示。

这样在用户总网络流量不超过引擎处理能力的情况下，一台引擎就可以作为“多台引擎”来用，节省了用户的投资。

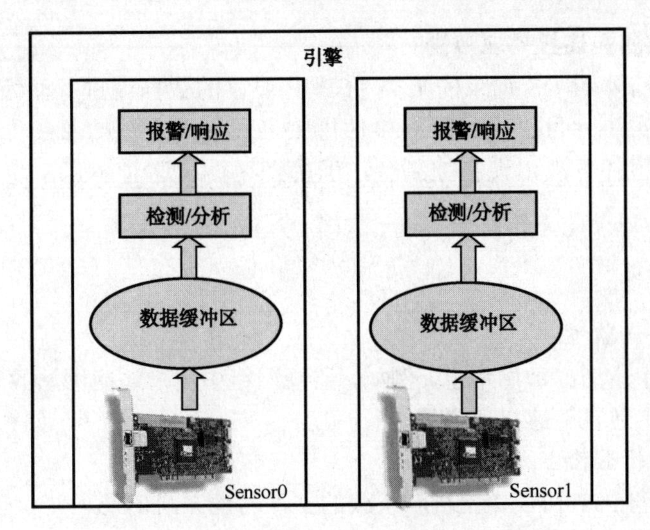

图 5-8 方正入侵检测系统引擎功能示意图

3. IP 分片重组技术

对于入侵检测系统来说，IP 分片重组是进行检测工作最基本且至关重要的内容。由于网络环境中 MTU 的限制，一些 IP 报文在传输时需要进行分片传输，所以对于这些报文进行进一步分析之前需要进行重组。于是 IP 分片重组的效率也是直接影响系统开销及整体性能的一个非常重要的因素。为了最大限度地提高 IP 分片重组效率，采用了多线程分散式 IP 分片重组机制，从而提高了因 IP 分片重组造成的性能瓶颈。

5.7.3 产品特点

1. 网络入侵检测功能

1）监控基于 TCP/IP 协议的各种网络活动和攻击行为

有 3500 以上的入侵检测规则。使用细粒度检测技术，支持协议分析技术、误用检测技术、协议异常检测，有效防止各种攻击和欺骗。同时能够通过策略编辑器中用户自定义功能定制针对网络中各种 TCP/IP 协议的网络事件的监控。

2）协议解码

对常用网络应用层协议解码分析。记录网络中的异常行为。

3）日志风暴处理功能

具有通过将一定时间范围内的同种攻击类型事件合并成同一条在控制台显示并记录攻击次数的方式来达到防止 NIDS 控制台被日志洪水淹没屏幕的作用。

4）协议过滤和误报处理功能

能够对不需要 NIDS 记录的某类 TCP/IP 协议的数据流进行滤处理。同时，为了对出现的误报事件可以进行针对事件规则名和事件发生的源或目的绑定后的排除，避免同类事件再次出现在控制台，干扰管理员。这对 NIDS 也减少了不必要的负担。

2. 增强功能

1）敏感会话监控

监控网络中常用的敏感信息。例如，监视网络中用户访问网站的 URL 地址、收发邮件的主题中包含敏感字符串等。

2）文件传输监控

对 MSNP 和 FTP 协议中上传和下载的文件名做详细记录。

3）实时网络会话监控

基于会话监控，实时记录网络中 TCP/IP 协议的网络连接情况，并可以对原始报文进行记录。

4）报文回放

能够把常用的应用协议（HTTP、FTP、SMTP、POP3、TELNET）内容恢复，并按照相应的协议格式完整展现。清楚展现入侵者的攻击过程，重现内部网络资源滥用时泄漏的保密信息内容。

3. 配置和策略管理功能

1）事件规则的定制

用户可根据需要定义自己的安全规则。对系统自身的安全规则，用户可以根据需要修改告警级别、响应方式等内容。

2）多种响应方式

对攻击规则可以提供记录常规日志（同时将事件传送并显示到控制台的实时监控窗口中）、记录详细日志（获取原始报文）、防火墙联动（目前能够联动的主流防火墙有 CheckPoint FW-1、NetScreen、CISCO PIX 以及遵循 IAP 协议的防火墙）、发送电子邮件、报警器报警、报警灯报警、手机短信报警、TCP 阻断等多种响应方式，方便用户设置。

3）策略模板定制

提供 E-mail 策略、Web 策略、最小化策略、默认策略等多种定制模板，用户可以根据自己的网络情况选择模板，省去了配置的麻烦。

4）日志审计和报表

提供强大的日志审计功能，用户可根据需要从任意角度定制审计查询条件。

4. 系统安全功能

1）远程安全管理

采用 SSL 加密信道和身份认证形式对传输信息进行处理，保证数据安全性、完整性（防篡改）。

2）管理日志审计

提供对用户操作的审计功能。用户登录控制台后的操作信息在控制台有操作日志窗口实时显示，对修改用户信息等敏感操作记录入数据库。

3）控制台身份认证和权限分级管理

通过 FOUNDER NIDS 网络入侵检测系统控制台的身份认证，能够有效地确保控制台的安全和集中的管理。权限管理是指 FOUNDER NIDS 网络入侵检测系统控制台可以采用多用户、分权限的管理方式对 NIDS 入侵检测系统进行管理。FOUNDER NIDS 网络入侵检测系统提供了三种不同的等级权限，包括超级用户、普通用户、只读用户，超级用户拥有对控制台和引擎的所有操作权限，而其他级别用户只拥有少量权限，从而确保了控制台自身的管理集中化和安全性。

5. 扩展功能

1）网络流量统计功能

能够对网络引擎监控的网段进行流量统计，以图形化和数字结合的方式显示。可以分不同的引擎、不同的源、目的地址查看 TCP 连接数目、网络字节流量统计、网络报文数据包数、会话连接数统计等多种统计信息。

2）引擎状态监控

可以通过入侵检测控制台实时显示网络引擎的抓包情况（字节数、连接数、报文数、丢包数）及引擎端资源消耗情况。

3）日志管理功能

提供数据库管理功能，可以对日志信息备份、删除、压缩、恢复、导出。提供备份文件信息记录和显示功能，防止备份文件的丢失。

4）事件规则库升级

支持自动定时和手动 Web 站点升级以及光盘介质升级三种升级方式。在控制台端可以对探测器远程升级。支持升级分发，可同时对多个引擎同时升级，省去管理员烦琐的操作。

6. 分级管理功能

对大型的分布式网络环境提供分级部署管理功能，能够支持多级控制台管理的复杂部署结构和两级的简单部署结构。实现主控台对下属分支机构的集中管理和升级文件分发等功能。

5.8 蓝盾百兆入侵检测系统 BD-NIDS

5.8.1 产品简介

由蓝盾信息安全技术股份有限公司研发、生产的蓝盾百兆入侵检测系统 BD-NIDS V2.0（FE），是一款网络型入侵检测硬件产品。该产品能够实时监控网络传输，自动检测可疑行为，并作出响应。该产品采用 Web 方式进行管理。

5.8.2 产品实现关键技术

1. 入侵检测

蓝盾百兆入侵检测系统 BD-NIDS V2.0（FE）可以对缓冲区溢出、SQL 注入、暴力猜测、DOS/DDOS 攻击、扫描探测、蠕虫病毒、木马后门、间谍软件等各类黑客攻击和恶意流量进行实时检测及报警，并通过与蓝盾防火墙联动、TCP Killer、发送邮件、安全中心显示、日志数据库记录、打印机输出、运行用户自定义命令等方式进行动态防御。

2. 流量监测

系统可对网络流量进行实时监测，对 TCP、UDP、ICMP、FTP、P2P 等协议及应用进行分析，对造成网络阻塞的源地址进行定位和记录。

3. 实时阻挡攻击

蓝盾百兆入侵检测系统 BD-NIDS V2.0（FE）内嵌蓝盾防火墙及入侵防御系统，无论在何种部署模式下都可以对入侵进行在线实时阻挡。

4. 图形化日志分析及报警

系统支持攻击事件输出到数据库并提供查询、统计、图形化分析以及报表输出功能，支持对系统日志、告警日志和操作日志的多样化管理和查询和多种格式导出。

5. 数据挖掘及关联分析

蓝盾百兆入侵检测系统 BD-NIDS V2.0（FE）具有数据挖掘及关联规则智能匹配等高级关联分析功能，能从无序的低级别的端口扫描及轻量级入侵企图中挖掘出入侵事件的前兆，通知网络管理员做好应对措施。

6. 安全访问

蓝盾百兆入侵检测系统 BD-NIDS V2.0（FE）的以太网口，按功能区分为管理口和业务口。通过用户名/密码、受限的访问 IP 地址和受限的访问协议以及蓝盾 NIDS 设备自身的防 DoS/DDoS 功能，确保用户能够安全访问 SecEngine 设备管理口。支持受限的访问协议：HTTP、HTTPS、SSH 和 SNMP。

7. 日志管理及查询

蓝盾百兆入侵检测系统 BD-NIDS V2.0（FE）支持对系统日志、告警日志和操作日志的多样化管理和查询。系统日志、操作日志可以输出到硬盘日志文件、数据库和远程 syslog 日志主机。若输出到远程日志主机，需进行相应的配置。日志文件可以以 CSV 格式导出；可以自动循环日志记录，也可以用户主动删除。

5.8.3 产品特点

蓝盾百兆入侵检测系统 BD-NIDS V2.0（FE）同时支持基于主机和网络两种检测模式，既有检测网络数据的硬件检测引擎，又有安装在各主机上的主机代理检测客户端软件，能够同时监控主机和网络的入侵信号，在系统受到危害之前发出警告，实时对攻击作出反应，最大限度地为主机和网络提供安全保障。

该系统能对 ARP、RPC、HTTP、FTP、TELNET、SMTP 等多种应用协议进行解码分析，能读懂基于这些协议的交互命令和命令执行情况。并且综合使用了特征匹配、协议分析和异常行为检测等方法，采用了自适应多协议融合分析技术。

1. 强大的检测引擎

蓝盾百兆入侵检测系统 BD-NIDS V2.0（FE）检测引擎结合误用检测和异常检测两种检测方法为用户网络提供了完善的保护功能。构成 FIRST 检测引擎关键技术有如下几种。

（1）基于状态的特征匹配检测技术：基于状态的特征检测技术依据攻击的特征模式对网络报文进行匹配。

（2）协议分析检测：以常用协议为对象，对不符合标准协议规范的报文进行分析，能检测出利用协议漏洞进行的各种攻击，包括未知的攻击和变种攻击。

（3）异常流量分析检测：通过对网络流量规律的数学建模和智能统计分析，检测攻击者攻击前为收集信息而进行的扫描等探测行为，阻止进一步的攻击（如 DoS/DDoS 攻击）。

2. 全面的系统规则库和自定义规则

蓝盾百兆入侵检测系统 BD-NIDS V2.0（FE)）把已知攻击的特征定义（规则）集中在一起放在特征数据库中（共 8257 条），供系统在特征匹配检测时使用。特征数据库分为如下两种。

（1）系统预定义规则库：设备供应商定期发布或紧急情况下发布的系统预定义规则库。

（2）用户自定义规则库：由用户自己定制的规则组成的攻击特征库。

3. 数据挖掘及关联分析功能

蓝盾百兆入侵检测系统 BD-NIDS V2.0（FE）具有数据挖掘及关联规则智能匹配等高级关联分析功能，能从无序的低级别的端口扫描及轻量级入侵企图中挖掘出入侵事件的前兆，通知网络管理员做好应对措施。

4. 安全访问

蓝盾百兆入侵检测系统 BD-NIDS V2.0（FE）的以太网口，按功能区分为管理口和业务口。通过用户名/密码、受限的访问 IP 地址和受限的访问协议，以及蓝盾 NIDS 设备自身的防 DoS/DDoS 功能，确保用户能够安全访问设备管理口。支持受限的访问协议：HTTP、HTTPS、SSH 和 SNMP。

5. 日志管理及查询

蓝盾百兆入侵检测系统 BD-NIDS V2.0（FE）支持对系统日志、告警日志和操作日志的多样化管理和查询。系统日志、操作日志可以输出到硬盘日志文件、数据库和远程 syslog 日志主机。若输出到远程日志主机，需进行相应的配置。日志文件可以以 CSV 格式导出；可以自动循环日志记录，也可以用户主动删除。

6. 图形化事件分析系统

系统支持攻击事件输出到数据库并提供查询、统计、图形化分析及报表输出功能。

7. 统计

统计向用户提供一个时间段内比较突出的攻击事件的统计，如列出最近 1 小时发生的攻击、发起攻击最频繁的 100 个源 IP 地址、收到攻击最频繁的 100 个目标 IP 地址。汇总信息包括统计攻击总数、接口总数和命中攻击的规则总数，并提供按地址和端口进行统计的攻击数据。

8. 查询

通过时间、IP 等查询明细条件，查询符合条件的攻击事件。

9. 图形化分析

图形化分析是在指定的时间内，针对不同的统计属性统计出攻击数，并以图形方式显示。图形化分析结果能分别根据时间、事件规则、IP 地址等提供报表。

5.9　捷普入侵检测系统

5.9.1　产品简介

由西安交大捷普网络科技有限公司研发、生产的捷普入侵检测系统 V3.0，是一款网络型入侵检测软硬件结合产品。该产品由控制管理中心、告警日志中心及网络探测引擎（硬件）组成，采用 B/S（Https）方式与 C/S 相结合的方式管理，能够实时监控网络入侵和攻击行为，并提供相应的报警及响应机制。此外，该产品还具备 IM/P2P/网络游戏/网络视频检测功能。

5.9.2　产品实现关键技术

1. 专用安全操作系统

捷普入侵检测系统 V3.0 基于专用安全网络操作系统，操作系统核心使用了捷普公司防火墙内置的操作系统，该系统为国家“863 计划 201－7－2 网络安全操作系统”项目的研发成果，是具有自主知识产权的实时多任务安全网络操作系统，具有极高的安全性和可靠性。

2. 专用硬件平台

捷普入侵检测系统 V3.0 采用专用硬件平台，通过高性能 CPU 和大容量内存保证硬件的性能，支持千兆和百兆网络吞吐量需求。

3. 专用软件系统

捷普入侵检测系统 V3.0 软件是西安交大捷普公司自主研发的、在专用硬件平台和操作系统之上搭建的专用软件系统，该系统是集专用硬件平台、专用操作系统、专用软件于一体的高效硬件网络监测产品。

4. 系统先进性

1）先进的流量镜像网络数据包采集技术

捷普入侵检测系统 V3.0 基于网络流量全镜像的数据包采集技术。网络数据全镜像采集是目前国外入侵检测数据采集的主要模式，其原理是通过交换机等网络设备的端口镜像或者通过分光器、网络探针等附加设备，实现网络数据包的无损复制和镜像采集。

捷普入侵检测系统 V3.0 基于先进的网络数据包采集技术，可以深入到应用层，增加了系统的安全和控制能力，具有极高的性能。

2）先进的规则分析技术

捷普入侵检测系统 V3.0 基于统计挖掘技术，通过挖掘发现事件不同维度的关系。统计挖掘分析是基于探针设备提供的信息采集报警，在此基础上实现对入侵信息和流量的统计挖掘，效率和效果均能满足网络异常监测的需求。

3）异常智能判断发现技术

捷普入侵检测系统 V3.0 通过对网络状态的监测，掌握网络正常状态模型，通过监测一段时间的网络状态，建立起一个基于时间的正常流量模型。这种智能化的异常学习能力可以更加精确地掌握网络中实际状态的情况，为判断异常提供有力的依据。

5.9.3 产品特点

1. 全局分析

捷普入侵检测系统 V3.0 通过将网络中的数据详细分类，对网络中的入侵报警和流量进行全面分析。可以根据对应的分类进行网络入侵和分析，目的是提供受到威胁网络的全部信息，网络管理员可以根据当前的网络安全对比情况，进行相应合理的调整。

2. 主机评估和分析

捷普入侵检测系统 V3.0 可以针对不同的主机或者主机段进行单独监测，通过管理端下发监测网段，并且在分析评估中心能够看到下发的网段，弥补了全局监测粒度太大的缺点，可以发现在指定的历史时期内入侵事件的基本情况和所受威胁的程度。该功能由于采用全图示的方法，避免了用户在海量数据中查找和分析的困难。

3. 详细入侵日志和报告

捷普入侵检测系统 V3.0 除了可以采用图像化的数据来描述入侵日志，也提供了传统的日志查询方式，可以任意的设定查看方式并在设置后进行二次排序。日志可以无缝的输入到 Excel，并可以自选打印方式。采取通用标准的 HTML 生成评估报告，可以通过工具将报告中的内容方便的编辑为 Word 等文档。

4. 可视化和全图形化挖掘

捷普入侵检测系统 V3.0 提供专门的挖掘查询系统，通过点击挖掘方式为用户提供实时的、可视的安全状况查询。系统用对比图、分布图、趋势图的方式将目前网络的安全状况详细地展现给用户，使用户仅仅通过登录查询系统，点击图形所表达内容的链接就可以查看当前网络的安全日志和流量大小。

5. 实时报警展现

实时报警展现是入侵检测威胁发现的重要内容，捷普入侵检测系统 V3.0 可以对当前网络中出现的报警情况进行实时收集和发现。

6. 实时统计分析

入侵检测告警过程通常是入侵的先兆，所以对特定状态的监测可以提前防止网络误用和入侵，其内容包含如下几方面。

（1）监测探针工作状态。
（2）统计网络当前状态。
（3）报警详细信息的查看。
（4）30 分钟报警运行趋势。
（5）30 分钟探针工作状态趋势。
（6）30 分钟流量数据。
（7）30 分钟的威胁来源统计。
（8）30 分钟的受害主机统计。

7. 安全监测

捷普入侵检测系统 V3.0 中对安全监测有全新的解释，进入监测中心需要两个条件，其内容包含两方面：

（1）数据库服务器用户权限认证；
（2）采集服务器可联入监测计算机认证。

8. 自定义监测

在传统的入侵监测系统中，系统的报警往往来源不一，内容不同。数据特性表现为海量，不能突出报警的优先级。在捷普入侵检测系统 V3.0 中可以通过用户自定义方式选择监测重点事件，其内容包含如下几方面：

（1）探针过滤监测功能；
（2）报警级别过滤监测功能；
（3）协议过滤监测功能。

9. 完整全面的检测规则

报警规则包含了51个规则组，将近5000条系统规则。全面覆盖Windows、Linux、Solaris、AIX等操作系统，包含了对3000条攻击规则的识别和500多种流行蠕虫病毒的检测。突出特点有如下几方面。

（1）规则涉及面广，可以检测流行的后门、蠕虫、攻击、漏洞。
（2）规则具有明确的分类，用户容易理解并自行配置。
（3）全中文规则，可以检测中文字段和中英文混杂字段。
（4）采用最新规则匹配算法，比前一版本提高50%。
（5）更加易于用户配置自定义规则，更贴近用户的使用习惯。

10. 强大的阻断功能

（1）系统可以将规则设置为阻断并且规则阻断效果极佳。
（2）系统除了自身的阻断方式，也可采用防火墙联动阻断，其阻断方式包含了自动阻断和手工阻断。

11. 更加安全的配置功能

（1）系统对系统配置的权限控制非常严格，进入系统同时需要USB Key，数据服务器认证，数据库用户名密码认证，并严格区分用户权限。
（2）系统具有操作日志审计功能，能够对系统的操作进行审计。

12. 严格的用户分级管理和配置

用户分级包含了用户管理员、监测分析员和操作管理员，各个用户功能相互独立，互不重叠，易于用户权限分离。

5.10 NetEye入侵检测系统

5.10.1 产品简介

由沈阳东软系统集成工程有限公司研发、生产的NetEye入侵检测系统V2.2，是网络型百兆/千兆入侵检测软硬件结合系统产品。该产品包括管理端（软件）和监控端（硬件）两部分，管理端包括用户管理器、审计管理器、安全管理器、集中管理器、实时监控系统等模块，能够实时监控网络数据，自动检测可疑行为，并作出响应。

5.10.2　产品实现关键技术

1. 软件体系结构

NetEye 入侵检测系统 V2.2 系统主体采用客户端/服务器模式软件体系结构，服务器即监控端完成对网络数据的采集、实时分析、实时响应等主体工作，客户端即管理端完成对服务器的配置管理、日志数据查询管理、系统维护等工作。软件体系结构图如图 5-9 所示。

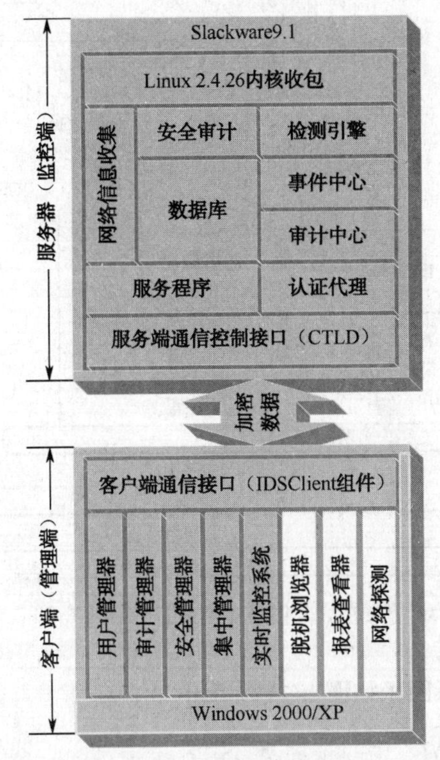

图 5-9　NetEye 入侵检测系统软件体系结构示意图

相关说明：

（1）认证代理、审计中心为新增功能模块。

（2）用户管理器、审计管理器、集中管理器、脱机浏览器、报表查看器为新增管理器；脱机浏览器、报表查看器、网络探测与监控端无数据通信。

2. 运行体系图

监控端运行体系图如图 5-10 所示。

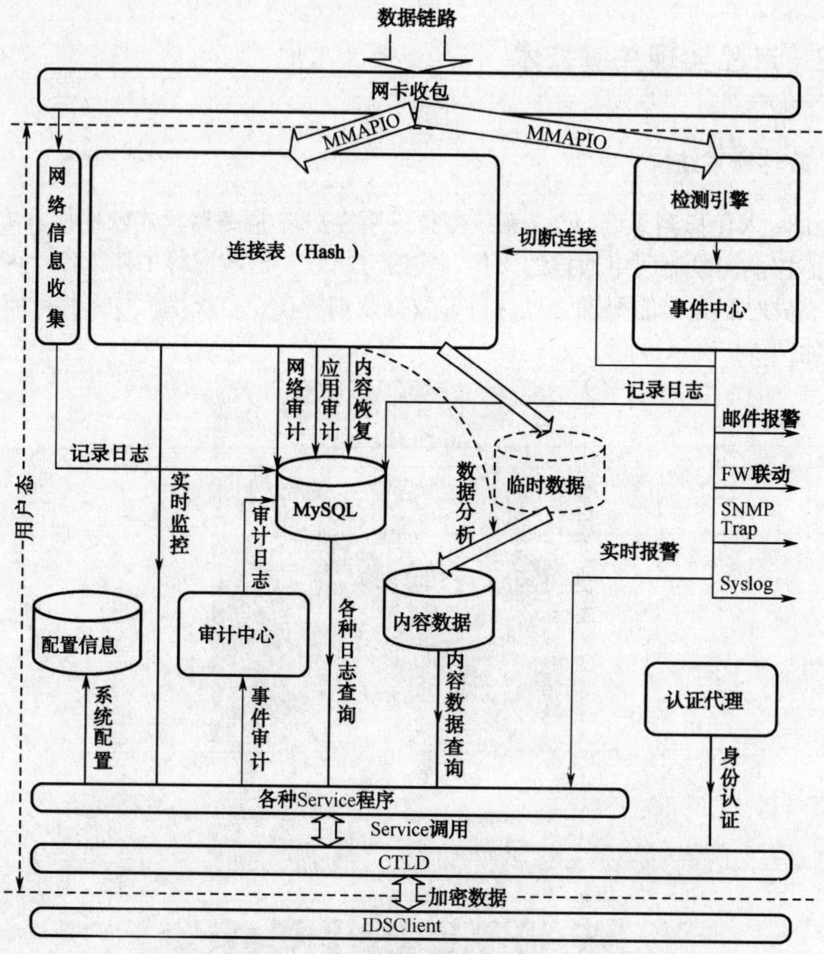

图 5-10 NetEye 入侵检测系统运行体系结构示意图

3. 管理端运行体系图（如图 5-11 所示）

（1）管理员角色分为：用户管理员、审计管理员、安全管理员。

（2）用户管理员对应用户管理器。

（3）其他管理员可通过用户管理器修改自己的密码。

（4）审计管理员对应审计管理器。

（5）安全管理员对应安全管理器、实时监控系统、集中管理器。

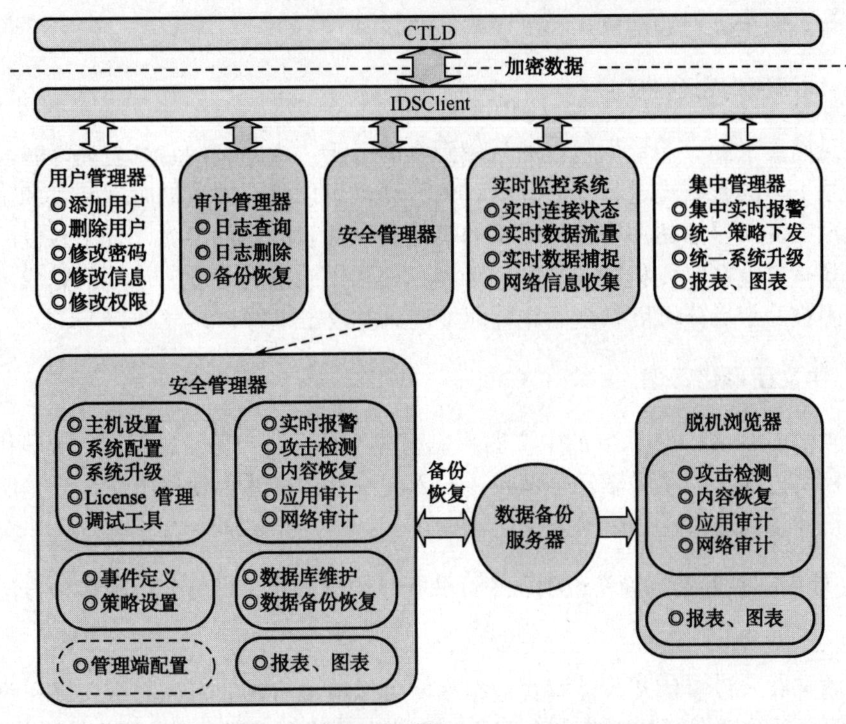

图 5-11　NetEye 入侵检测系统管理端运行体系结构示意图

（6）安全管理员有更进一步的权限划分：攻击检测、内容恢复、应用审计、网络审计、数据库维护、系统权限。

（7）图 5-11 未包括脱机浏览器、报表查看器、网络探测。

（8）脱机浏览器、报表查看器、网络探测没有身份认证和权限控制功能。

5.10.3　产品特点

NetEye 入侵检测系统 V2.2 采用了多种先进技术，在实用的基础上做到了稳定、高效，易用、易维护。

1. 高效独特的数据截取技术

直接从内核接收网络数据，减少中间环节，缩短了系统调用时间，从而提高截取网络数据包的速度和效率，系统运行效率高，可以监测高速网络，丢包率极低。经各种测试证明，NetEye IDS 性能极为优秀。

2. 完整的数据流恢复技术

完整的数据重组，恢复技术。把网络连接作为数据流分析，而不是一个个孤立的数据包。完全处理数据分片和乱序的问题。

3. 网络通信完全监测

记录网络上的一切数据包。尽量做到实时分析，当遇到网络流量高峰时，可以根据记录下来的数据流进行事后分析。入侵活动可以具有很大的时间跨度和空间跨度，有预谋的入侵活动往往有较周密的策划、试探和技术性准备，一个入侵活动的各个步骤有可能在一段相对长的时间跨度和相当大的空间跨度之上分别完成，给预警带来困难。事后分析可以全面完整地处理此类攻击事件。

4. 中文图形化管理

提供基于 Windows 系统的中文图形化管理工具，使一切信息查看、管理和配置都变得极其方便，简单易学。全部攻击与入侵事件的描述都使用中文，清楚明了。整体的设计使其非常适合中国人使用。

5. 使用模式匹配、异常识别、统计分析、协议分析、行为分析等多种方法识别入侵

系统拥有入侵事件及入侵模式数据库，可以检测 1700 多种网络入侵和攻击行为。采用多种方法全面分析攻击而不是依赖单一的检测手段。系统漏洞、系统后门、CGI 漏洞、系统扫描、缓冲区溢出攻击、蠕虫病毒等各种危害系统的入侵和攻击都可轻易识别。入侵模式数据库可非常容易地进行升级以检测最新攻击。

6. 操作简单，自动维护，无须用户干预

系统智能程度相当高，可用性极好。操作简单，易于掌握，自身维护自身数据库，自动处理各种异常情况，无须用户干预，维护代价小。系统预装默认监控规则，无须用户编写和加载。可以说是最容易使用的 IDS。

7. 接入简便，无须改变现有网络拓扑结构

系统的接入非常方便，只需要根据网络的物理结构将它连接到交换机的广播口或共享式 HUB 上即可立即开始工作。支持 802.1q 和 PPPOE 等协议解码，支持多监听端口和网桥接入等监听方式，不需要改变网络的物理结构及网络逻辑划分和配置，原有网络拓扑结构依然完好无损，网络通信毫无影响。

8. 支持多用户分权管理和分布式部署，便于监控大型网络

管理权限细分，可进行多级用户分权管理。可安装于大型网络的各个物理子网中，分布式监控网络的各个部分，可进行多级分布式管理，达到分布安装、全网监控、集中管理。

9. 实时监控网络当前运行状况，为用户人为监控和分析提供有力工具

提供实时连接报告，当前网络中用户行为一目了然，可以实时地从中直接发现网络中用户滥用网络资源的情况，如访问未授权的服务器等。另外，网络扫描等异常行为也可从中看出。

10. 多样的攻击响应方式

可提供实时报警、声音报警、记录到数据库、电子邮件报警、syslog 报警、SNMP Trap 报警、Windows 日志报警、Windows 消息报警、切断攻击连接，以及和防火墙联动、运行自定义程序等多种响应方式，便于管理员快速准确地对攻击做出反应。

11. 全面的内容恢复，支持多种常用协议

除了可以对已知的入侵行为进行监测外，系统还可以对网络应用层的协议进行恢复。目前实现的主要协议有：HTTP、FTP、SMTP、POP3、Telnet、NNTP、IMAP、DNS、Rlogin、Rsh、MSN、Yahoo MSG。还可自定义协议，便于扩充。管理员可以很直观地看到任何人的信件内容（包括附件）、Telnet 或者 FTP 用户所作的操作、都去过哪些网站和看过哪些内容（包括文字和图片的再现）。通过此功能不但可以简单地发现攻击事件，而且可以重现整个攻击过程；不但可以发现外部黑客的攻击，而且可以发现内部用户的恶意行为；不但可以发现已知攻击，而且可以发现未知攻击。

12. 灵活的查询，报表功能

可对网络中的攻击事件，访问记录进行灵活的查询，并可根据查询结果输出图文并茂、美观的报表。

13. 自身的高度安全性和隐蔽性

系统本身采用专用硬件，运行安全的操作系统，检测引擎和管理主机之间通信采用 128 位加密。检测引擎为黑洞式结构，监测口无 IP，攻击者无法发现，保证了自身的安全性和隐蔽性。

14. 集成的网络管理和诊断平台

系统集成多种网络分析、诊断工具，便于发现网络故障，定位网络问题。

15. 强大的信息审计功能

全面审计网络信息，并可方便地进行备份和恢复。

16. 全面的网络健康管理平台

依靠单一的技术无法处理日益复杂的网络安全和故障问题。NetEye IDS 综合采用多种技术全面处理网络风险。通过被动监听和主动发现方式的结合，攻击识别和内容恢复的结合，实时监控和事后审计的结合。检测攻击和检测网络故障的结合。NetEye IDS 构成了全面的网络健康管理平台。

5.11 黑盾网络入侵检测系统

5.11.1 产品简介

由福建省海峡信息技术有限公司研发、生产的黑盾网络入侵检测系统 V3.1，是一款软硬件结合的网络型入侵检测产品。该产品以旁路方式接入网络，通过控制台方式进行管理，对网络数据包进行实时监测，对入侵事件进行报警并记录事件日志。HD 入侵检测系统入侵检测（HD Intrusion Detection）提供了全面的网络保护功能，其内置主动防御功能可以防止破坏的发生。这种高性能且使用方便的解决方案在单一软件包中提供了最广泛的监视、入侵和攻击探测、非法 URL 探测和阻塞、警告、记录和实时响应。

5.11.2 产品实现关键技术

在 linux 下用 C/C++语言实现的传感器部件，其主要功能是监听网上的报文并分析入侵情况，发现入侵后向控制台报告。目前将传感器设计成由通信部件和检测部件两部分组成，其组成及结构示意图如图 5-12 所示。

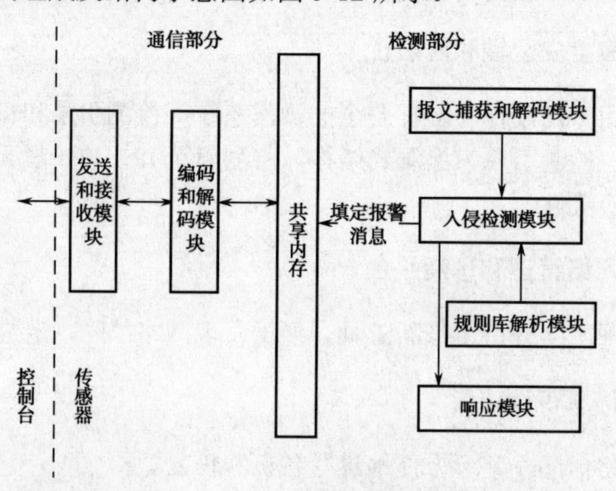

图 5-12 黑盾入侵检测系统结构示意图

5.11.3　产品特点

1. 支持旁路部署探测器引擎

黑盾网络入侵检测系统支持探测器引擎在网络上旁路部署，连接到 HUB 或者镜像功能的交换机，不需要对原业务系统做网络相关配置修改，对原网络基本无影响。

2. 支持组件通信加密保护

黑盾网络入侵检测系统支持对 3 大组件相互通信的加密保护功能，防止被网络嗅探。同时，要保证组件之间的通信得到相互的认证才能够进行。

3. 支持模式匹配和协议分析

黑盾网络入侵检测系统支持对数据包除了进行包重组外，还需要对数据包进行深入的协议分析，同时还需要对用户的行为进行特征模式匹配分析。系统必须包含强大的特征库。

4. 支持中文图形化管理界面

黑盾网络入侵检测系统支持全中文的图形化界面管理，提供友好的用户界面用于管理，配置入侵检测系统，管理配置界面包含配置和管理产品所需的所有功能。

具备独立控制台（管理配置界面+告警显示界面）、图形化的管理界面、清晰的告警显示界面。

5. 支持分布式部署与数据集中管理

黑盾网络入侵检测系统支持对探测器引擎的分布式部署，以便适合不同规模用户网络环境的需要。所有采集到的数据可以得到集中管理。

6. 支持数据多路监听

黑盾网络入侵检测系统支持一个探测器引擎可以采集多个数据源的数据包，同时保证所有数据经过有效的分析处理。

7. 支持用户策略定制

黑盾网络入侵检测系统提供方便、快捷的策略配置方法和手段。菜单中提供默认策略，也可以对策略进行修改和编辑。编辑策略有向导功能。

8. 支持事件分级管理

黑盾网络入侵检测系统支持对事件严重程度进行分级，帮助授权管理员从大量的信息中捕获危险事件。不同级别用的事件用文字和色彩等形式表现出来。

9. 支持事件可视化查阅

黑盾网络入侵检测系统支持用户通过管理界面实时清晰的查看入侵事件。事件信息包括：事件名称、类型、级别、协议类型、发生时间、响应方式、相关参数、源和目标地址（IP 和 MAC）、端口号等内容。

其输出采用方便用户阅读的中文文本形式，如 word、html、文本等。

10. 支持事件数据库记录

黑盾网络入侵检测系统支持记录并保存检测到的入侵事件。事件详情有：时间发生时间、源地址、目的地址、危害级别、时间详细描述和建议解决方案。

11. 支持分析报告模板定制

黑盾网络入侵检测系统支持授权管理员按照自己的要求（如报告类别、报告内容、报告风格等）修改和定制报告内容。

12. 支持功能可扩展性

黑盾网络入侵检测系统支持对内部功能的可扩展架构，对支持的协议类型、特征库等进行可扩展设计。

支持对不同事件数据库类型的统一接口。

支持事件日志与告警的统一平台管理。支持与其他网络被的通信，如与防火墙的联动。

5.12 其他入侵检测系统

5.12.1 网络智能入侵检测系统 Secoway NIP 1000

由华为技术有限公司研发、生产的网络智能入侵检测系统 Secoway NIP 1000，是一款软硬件结合的网络型入侵检测系统。该产品以旁路方式接入网络，通过控制台方式进行管理，对网络数据包进行实时监测，对入侵事件进行报警并记录事件日志。

5.12.2　绿盟网络入侵检测系统

由北京神州绿盟信息安全科技股份有限公司研发、生产的绿盟网络入侵检测系统 V5.6，是一款网络型入侵检测软硬件结合产品。该产品由安全中心（软件）和引擎（硬件）组成，能够实时监控网络入侵和攻击行为，并提供相应的报警及响应机制。

5.12.3　网御入侵检测系统

由北京网御星云信息技术有限公司研发、生产的网御入侵检测系统 V3.2（千兆），是一款网络型入侵检测硬件产品。该产品能够实时监控网络传输，自动检测可疑行为，并作出响应。该产品采用控制台方式进行管理。此外，该产品还提供与防火墙联动、与 CISCO 路由器联动功能。

参考文献

[1] ISO/IEC TR 15446:2004，Information technology—Security techniques—Guide for the production of Protection Profiles and Security Targets ， NEQ，2004.

[2] ISO/IEC 15408—1:2005 Information technology—Security techniques—Evaluation criteria for IT security，2005.

[3] 胡道元，王立福，等. GB 17859—1999 计算机信息系统 安全保护等级划分准则. 北京：中国标准化出版社，1999.

[4] 肖江，陆驿，等. GB/T 20278—2006 信息安全技术 网络入侵检测系统技术要求. 北京：中国标准化出版社，2006.

[5] 肖江，陆驿，等. GB/T 20280—2006 信息安全技术 网络入侵检测系统测试评价方法. 北京：中国标准化出版社，2006.

[6] 白晓冰，张维明. 基于人工免疫模型的入侵检测技术研究. 长沙：国防科学技术大学，2002.

[7] 夏寒，陈剑波，齐开悦. 入侵检测系统的设计与实现. 上海：上海交通大学，2007.

[8] 王志强，谭瑛，王猛. 入侵检测系统的研究与实现. 太原：太原科技大学，2008.